放大故事

用故事打動人，讓品牌更迷人，
吸睛講師帶你破解「故事金庫」的底層邏輯

曾培祐
著

推薦文

用故事脫穎而出

Ryan（燒賣研究所笑長）

作為數學系出身的理工宅男，我因一場失敗的演講而轉變。一次講座上，我準備了詳盡數據，但觀眾逐漸失去興趣，甚至有人離場。為什麼提供了市場資料，大家卻不買單呢？後來，一場TED演講啟發了我，講者僅用幾個故事就深刻感動全場。我領悟到，人並不是理性的動物。於是我嘗試改變行銷素材，融入更多真實故事。結果讓我創立的「燒賣研究所」成為台灣頂尖數位行銷與電商課程單位。

故事的力量改變了我的事業，讓我明白：在資訊爆炸時代，想讓品牌脫穎而出的方法就是說故事。數據難以打動人心，唯有溫度十足的故事能觸動情感，產生共鳴，影響消費決策。

《故事放大》教你運用「故事感」，將日常轉化為獨特的故事，它可以幫助你：

● 放大產品優勢：聚焦解決問題，賦予產品獨特「認知價值」。
● 強化品牌特色：善用時代趨勢分享有故事感內容，實現故事放大效果。
● 有效傳遞理念：故事是最佳載體，使教條變得生動，提高接受度。
● 打造個人品牌：引人入勝的故事展現獨特的價值與專業，讓自己脫穎而出。

此外，本書還教你從生活、書籍和社群中挖掘素材，並提供實用表格協助系統化整理，讓說故事不再困難。我相信無論是行銷人員、創業者、講師、領導者，甚至父母或老師，都能從《故事放大》中獲益，讓你的聲音被聽見，影響力無遠弗屆。

推薦文

誰讓你的故事閃閃發亮？

宋怡慧（作家、丹鳳高中圖書館主任）

你是否曾想過，為什麼有些人一開口就能吸引所有目光，而有些人講了半天卻沒人記得他說了什麼？真正的祕密就藏在曾培祐的《故事放大》一書中！

這本書教你將平凡經歷轉化為讓人鼓掌叫好的故事，讓聽眾腦中浮現畫面，心中產生共鳴，從而牢牢記住你傳遞的訊息。

培祐不僅告訴你「為什麼」講故事很重要，更提供一套實用故事工具，讓你知道自己可以「怎麼做」，例如：

「故事感自我介紹表」——讓你成為獨一無二的個人品牌。

「產品故事表」——幫你打造產品的獨特賣點與市場定位。
「網路發文優勢表」——讓你的分享在社群媒體脫穎而出。

其中，我特別喜歡書中提到的「聚焦、對比、真實」三大原則，既能讓故事更具畫面和感染力，也進一步提升溝通的影響力。如果你想在競爭激烈的職場中嶄露頭角，《故事放大》絕對是讓你被記住、獲得認同的人生神隊友！就像培祐說的：「每個人的生活中都充滿故事，關鍵在於有意識地發掘並記錄它們。」透過培祐傳授的實用技巧，你可以全面提升個人形象、品牌價值、產品魅力，並精準傳遞自己的想法，讓故事影響無限放大，人生閃亮亮！

推薦文

說故事，是科技取代不了的個人獨特力

林育聖（純粹文案執筆人）

「故事是人類最後的堡壘。」

我喜歡聽故事，這不稀奇，但我很不會說故事。

我曾參加過培祐老師上一本新書《思考馬達》的發表會，在短短幾十分鐘內，看見他讓觀眾又笑又哭，時而沉思時而拍手叫好。驚嘆他在帶動人們情緒的能力，像是在情緒大海上航行的航海王，逐波而不隨波，自由浪走各個潮流，我當時認為這應該是天生的。直到我看到《故事放大》的拆解，才知道這一切都是精心的安排和苦練。

身為一名文案師與講師，表達故事的能力自然十分重要，卻一直是我的弱項。但在ＡＩ創作時代，那些客觀理性的文字，ＡＩ總是寫得比我們又快又好（起碼錯字還比我少），而故事就是我們最終能守住的精彩。

人們不再想要看那些精巧的內容，而是希望看其中承載的情感、掙扎、省思與突破。那是我們真正會好奇的事，關於另外一個人是怎麼過日子的細節。

能說故事，掌握的就不只是表達力。而是任何科技都取代不了的個人獨特力。

推薦文

AI時代，你更是主角

林長揚（簡報教練、暢銷作家）

某天中午，有個旅人經過了一座興建中的教堂，看見三位工人正努力砌磚的身影。旅人緩緩地走近這三位工人身邊，並與他們攀談：「各位大哥大姐午安，我叫阿瑋，請問你們在做什麼呢？」

第一位工人明哥說：「就在砌磚啊。」

第二位工人阿珍回答：「我在努力工作養家，讓孩子有錢讀書。」

第三位工人阿杰興奮地說：「我正在打造一座很偉大的教堂，它會矗立上百年，接待上千位需要受照顧的人！」

明明都在描述同一件事，但講法上的差異，就會帶給人截然不同的感受。

這就是故事的力量。

ＡＩ興起的現在，我們只要動動手指，各種知識就唾手可得。因此，如果你想為自己或為產品行銷，單純的賣弄知識已經落伍。這時該怎麼辦？答案就是利用故事！尤其是你個人的經驗，更是ＡＩ無法取代的寶物。

透過閱讀培祐老師的《故事放大》，你也可以從自身的日常與人生中挖掘故事，放大你想傳遞的想法，讓人們容易記住並產生共鳴。快來一起閱讀這本好書，讓你在大家的心中占有一席之地！

推薦文

故事，是自我行銷的放大鏡

林郁棠（文字力學院創辦人）

「你平常吃得多嗎？」面對眼前這位重量級講師，對比當時自己偏瘦的身形，我忍不住問了一個失禮的問題。

「還好，我一次只吃四十顆水餃。」

「四十顆？」我瞪大眼睛，簡直不敢相信自己聽到的答案。這數字實在太驚人了，足足是我食量的四倍之多。

「對呀！我爸一次都吃五十顆水餃，我只吃四十顆，吃得比較少。」

啊……原來和他爸爸相比，食量算小了。

這是我與培祐初次見面的對話，從此，他在我心中留下了極大份量。聽完以上故事的你，是不是跟我一樣永遠忘不掉他了？

培祐是位極度擅長讓人留下深刻印象的朋友，即使面對如此沒禮貌的提問，仍然有辦法用三言兩語化解。我一直不理解，他是怎麼做到的？

直到讀了這本《故事放大》後，我才明白原來培祐的影響力，來自他的「故事感」——「聚焦」在「真實」發生的事情，用「對比」呈現衝突、矛盾的趣味感，放大自己在對方心中的影響力。其中聚焦、真實與對比，正是培祐所謂的故事行銷三元素。

看完這本書，你將徹底了解：故事，不只是作家的靈藥，更是自我行銷的放大鏡。

推薦文

讓個人故事在世界發光發熱

高詩佳（作家、《高詩佳故事學堂》Podcast節目主持人）

在這個資訊充斥的時代，我們常常覺得自己的聲音被淹沒，無法觸動他人的心。但如果我告訴你，故事的力量能夠瞬間打破這層隔閡，讓你的每個想法都深深打動聽者呢？曾培祐老師的《故事放大》，正是這樣一本能幫你放大思想、提升影響力的書。

書中的「故事行銷三元素」，教你如何運用簡單的故事打動人心。無論是推廣產品、塑造個人品牌還是傳遞理念，這本書提供了實用的技巧，幫助你將故事變得既引人入勝又富有力量。尤其對於需要在網路上發聲的朋友，書中詳細闡述了如何讓故事在平台上不僅吸引眼球，還能持續影響觀眾。

《故事放大》不只教你如何講故事，還引導你從日常生活發掘那些隱藏的故事，將冷冰冰的事實轉換成有溫度的敘事。即使你覺得自己不擅長講故事，這本書也能幫助你發現那些值得分享的瞬間。

它不只是一本故事工具書，更是幫助你打開人心、擴大影響的鑰匙。閱讀《故事放大》，讓你的故事在世界中發光發熱。

推薦文

故事的力量無所不在

黃思齊（「我是文案」主理人）

讓商業背景的一般人與專業寫作者來看「故事」這件事，可能會有什麼樣不同的視角？

《故事放大》一書，可以說精準解答了現實生活和小說之間的落差，讓更多非創作領域的行銷人甚或中小企業主，有機會透過簡單的實操，跨入以故事元素為品牌增色的大門。這本書不是教你如何寫小說、寫劇本、拍電影——畢竟，這些離每天的「生意場景」太遠了——而是讓你理解「故事如何成為行銷中的關鍵影響力」。

過去，故事總被視為創作者的專利，但在各種商業場景中，它的力量其實無所不在。我特別喜歡書裡的一段話：「它是一個精彩絕倫的故事嗎？可以拍成電影、寫成小說嗎？當然不行！但這樣一個有畫面、有感覺的故事，已經足夠放大產品的特色。」

有些品牌的定位確實需要強大的風格與創意，但有些品牌其實只需要發揮親和力，就能和消費者產生共鳴；對於剛入門寫作與故事行銷的品牌經營者、個人自媒體來說，這本書是可以讓你快速掌握用敘事塑造品牌價值、強化受眾連結的第一步。

推薦文

故事，會恆久遠地留下痕跡

閱讀小姐（社群創作者）

「從前從前……」看到這句話時，我們知道該坐下來好好聽故事了。滑社群時，看到別人分享他們刻骨銘心的職場故事、戀愛故事，總讓我們忍不住停下來，看看別人的人生有沒有什麼有趣的事，以及為什麼會這樣。因為故事能引起好奇、激發想像，就像我們遇到一本摯愛的小說時激動不已，恨不得全世界的人都來讀這本書，我們會想像著角色的一生，勾畫他們的故事情節，並把自己帶入其中，這一切的情感共鳴，正是故事本身的魔力。

「產品本身沒有故事，和產品有關的人，才有故事」，我非常喜歡這句話，因為它說明了賦予故事的永遠是人，而非物品。《故事放大》也在告訴我們，如何將生活中的每一個故事元素，用有力量的方式來講述。它循序漸進地教導我們，故事在哪裡、如何講故事、該說些什麼，無論是品牌故事還是個人經歷，都能透過故事的方式來放大和增強。

看似是一本工具書，卻讓我讀完後像看完一個豐富飽滿的故事一樣滿足，或許這就是故事迷人的地方，說教的內容總讓人忘得快，而故事，卻會恆久遠地留下痕跡。

目錄

推薦文

前言

前言

故事放大的神奇魔法

我是一名講師，時常需要到各企業進行培訓，也要到各學校進行演講，我知道內容豐富與否是一回事，學員大腦能否吸收又是另一回事，但如何把豐富的內容讓學員願意吸收呢？我發現，說故事就是個好方法！故事就像一支放大鏡，將我想要傳遞的想法和觀念放大，大到讓學員的大腦印象深刻，難以忘記。我每年授課的再邀約率高達九成，學員上課結束後都覺得很有收穫，希望能繼續上我的課，說故事功不可沒。

我除了是一名講師，也自行創業，需要持續在網路上宣傳自己的品牌及產品。在這個百家爭鳴的時代，我如何能夠被消費者看見呢？如果只是單純用文字死板板地述說品牌理念、產品特色，那一定馬上被消費者忽略。我靠寫故事來包裝我的品牌理念和產品特色，因為有故事的加持，我的品牌和產品因此被放大了，讓消費者有印象。我和太太在疫情期間開創的兩人公司，以提供教育培訓產品為主，在網路上沒有買廣告、沒有請行銷團隊的幫忙下，五年來的營業額卻蒸蒸日上，每年都有七位數的淨利，正是透過《故事放大》這本書的一個個故事策略所達成，而這就是故事的威力。

你一定會想：「那是因為你很會寫故事、很會想故事，我根本寫不出那麼多精彩的故事，怎麼辦？」這其實是我們對故事的迷思。我們並非要成為小說家，也不是要成為電影編劇，沒必要寫出精彩絕倫的故事，那太難了；精彩絕倫的故事本來就是可遇不可求，就算是厲害的小說家，一輩子能寫出一本代表作就很厲害了。我們要調整對故事的期待，只要不再冷冰冰地講述道理、不再死板板地講述品牌理念和產品特色就夠了，否則只會讓聽者覺得是在碎碎念，容易左耳進右耳出。

一本學會善用故事放大鏡的實用工具書

這本書便是要帶你說出好故事，一個比冷冰冰多一點溫度、比死板板多一點活力的故事。

第一部會介紹「故事行銷三元素」。掌握三元素，哪怕只是講了一句話，聽者也會有聽故事的效果；掌握三元素，你身邊發生的每一件事都可以成為故事。這大幅降低了說故事的門檻，於是，我可以說故事，你可以說故事，每個人都可以說故事，而且可以透過故事放大自己想傳遞的任何想法。這本書就是要告訴你如何善用故事這支放大鏡。

第二部著重於用故事放大產品優勢的方法。首先要清楚定義自己的角色，我們就只是想把個人特質和產品特色凸顯出來的平凡人，所以不用想出精彩絕倫的故事，只要有故事感的故事就可以。接著運用有故事感的故事，進行自我介紹和產品介紹，從此你的自我介紹會變得非常獨特，而且讓人難忘。

而在這個人手一機的時代，我們可以透過故事在各種網路平台放大自己的品牌，例如開粉專、錄製影片、短影音等，但問題是有沒有人觀看、按讚、訂閱和分享，這一切的主要根源取決於放上網路的內容有沒有故事感，唯有具故事感的內容，才能在網路使用者的腦中留下印象，達到故事放大的效果。第三部就是要帶你善用時代趨勢，學會如何在網路上分享有故事感的內容，更關鍵的是，如何讓這些內容源源不絕地持續產出。

如果你是為人父母、學校師長、團隊主管，那你一定不能錯過第四部，因為我們時常需要傳遞重要的理念、道理、價值觀或規定，如果聽眾總是面露不耐，會讓我們產生一種為誰努力為誰忙的無力感。因此這一部將分享讓道理加溫的故事放大訣竅，讓冷冰冰的教條內容也能讓人興趣盎然地聆聽。

第五部要直接面對你內心最深的恐懼——即使掌握了各種故事放大的方法，但就是沒有故事可說，該怎麼辦？別擔心，這一部就是帶你從自己的人生中找故事。只要跟著我的指引思考，你會發現你的人生故事好多，只是之前都讓它們白白溜走，現在一一把故事找回來。

科技再怎麼變，人性依舊愛聽故事

我在國小六年級時就曾嘗過故事放大的滋味，而且影響了我一輩子。

我從小住在屏東的一個小鄉村，村子裡青壯年人口嚴重外流，我每天看到的不是小孩就是老人，很少看到年輕人，因為年輕人都到高雄工作。直到升上小學六年級的暑假，有一群大學生來學校帶營隊，經過幾天的相處，我問一位大學生：「大哥哥，上了大學後，都能像你們一樣，寒暑假都會到國小帶營隊嗎？」大哥哥回答：「對啊，等你讀到大學，不僅寒暑假可以像我們一樣到各個國小帶營隊，平常週末也有很多社團活動可以參加，會認識很多有趣的人，發生許多好玩的事。」大哥哥的回答，讓我的腦海中出現許多美好的畫面，如果我也能成為大學生，那一定很美好，這也讓我產生了讀書的動力。

你或許會想，小學生讀書不是天經地義嗎？不是的，在鄉下村子裡，其實很少有人會想要讀大學，大家放了學都四處瘋玩，偶爾在外地工作的父母放假回家，苦口婆心要小孩認真讀書，但對小孩來說，通常也是左耳進右耳出，完全不當一回事。但是和大哥哥的一段對話，讓我腦中產生了畫面，對大學生活有了憧憬，讓我回到家甘願先複習功課再出去玩。多年後，我成為村子裡少數考上國立大學的孩子，這一切都是拜之前這段如同故事般有畫面的對話所賜。一個好的故事甚至不用長，只要讓人心中產生畫面和感覺就行，這就是故事放大的魔法。

這是一個資訊爆炸伴隨著節奏快速的時代，這意謂著：如果傳遞訊息的方式太像在說教，無法讓人的大腦產生畫面和感覺，那麼即使訊息再重要，別人也是左耳進右耳出，不管你花費多昂貴的行銷預算、穿上多高級的西裝、印出多精緻的名片，只要是冷冰冰的資訊，就是會立刻被人忽視。美國認知心理學家傑若姆·布洛納（Jerome Bruner）的理論提到：「事實如果搭配故事，被記住的可能性會提高二十二倍。」就連最生硬的事實也一樣，加入故事看起來是個小動作，卻會改變所有的事。所以，我們要幫冷冰冰的資訊加上溫暖的故事進行包裝，故事能夠成為重要資訊的放大鏡，讓聽者願意駐足聆聽，然後留下深刻印象。

這本書會提供具體實用的步驟，讓你不會為了說故事而說故事，每個故事都是為了放大某個你想要傳遞的觀點而存在，像是你的個人形象、品牌價值、產品特色或觀念想法等。很多人都說，在ＡＩ時代，我們一定要學習ＡＩ科技的運用。這句話說得沒錯，但不管科技再怎麼變，始終不脫離人性，比起聽道理，人性更喜歡聽故事。所以除了學習ＡＩ的運用，更要學習說故事的技巧，讓ＡＩ提升我們做事的效率，用故事放大我們想傳遞的想法。

這是一本故事工具書，分享如何蒐集身邊珍貴的故事，不要讓它們白白溜走，因為這些故事可以是你的好助手。現在就開始，讓故事成為你的放大鏡！

第一部

掌握故事行銷三元素，看見關於「人」的故事

「產品本身沒有故事，和產品有關的人，才有故事」，
這句話既是核心，也是重點，更是關鍵，
沒有掌握這個概念，你我都沒辦法成為故事行銷達人。

每個希望透過說故事讓自己的品牌或產品被市場看見的人，內心都有個揮之不去的困擾，那就是：故事在哪裡？

這就是為什麼本書要從故事行銷三元素開始談起，因為只要掌握了三元素，故事就會源源不絕地出現，然後就可以善用這些故事，放大自己的努力、產品以及品牌。

在分享故事行銷三元素的所有細節以及如何運用之前，我想要先傳遞一個重要概念：「產品本身沒有故事，和產品有關的人，才有故事」，這句話既是核心，也是重點，更是關鍵，沒有掌握這個概念，你我都沒辦法成為故事行銷達人。

舉例來說，有一部紀錄片叫做《不老騎士－歐兜邁環台日記》，說的是一群老爺爺騎機車環島一圈的過程。如果就電影本身進行宣傳並不容易，因為紀錄片的劇情不若愛情片或武打片那樣有渲染力，加上片裡是一群你我都不認識的老人家騎機車環島，也沒有切身相關的感覺，光想就覺得宣傳好難。但這部紀錄片在二〇一二年上映後，創下了三千萬的票房紀錄，可說是非常亮眼的成績，它是如何做到的？

來看看其中一段宣傳：何爺爺曾和妻子有個約定：「我八十歲如果還沒死，還要再載你環島！」而何爺爺八十歲時，妻子已經過世了。現在有了環島的機會，何爺爺想起了這個約定，跑到妻子墓前問妻子，得到了聖筊，於是帶著妻子的照片出發環島。在宣傳影片中，爺爺看到聖筊後，對著老婆的墓碑比讚，激動地說：「這才是某（老婆的台語發音）！這才是某！」看著爺爺雙眼已經泛紅，我的眼眶都跟著泛淚了。你發現了嗎？關於電影的長度、類型、成本……這些產品本身的內容是冰冷的，是無法打動人心的，但一個又一個爺爺的故事，卻締造了三千萬電影票房的佳績，證明了這個核心概念的重要性——產品本身沒有故事，和產品有關的人，才有故事。

至於你的疑問：「我沒有關於人的故事呀，怎麼辦？」別著急，辦法就在故事行銷三元素裡，接下來一個一個幫你整理。

第1章

故事行銷元素一：聚焦

──引人入勝，而不是碎碎念

故事能夠引人入勝，而不是淪為碎碎念，關鍵就在於「聚焦」。一個好故事，必須聚焦在一個主要的角色、一個主要的時間、一個主要的地點、一個主要的行動和一個主要的目標。

有「最會說故事的人」美稱的許榮哲老師，我看完他的《故事課1》、《故事課2》兩本書以及聽了多場演講之後，總結出一個很棒而且很實用的概念：所有產品都分成兩種價值，一種是「實際價值」，另一種是「認知價值」。實際價值是冷冰冰的事實，無法打動人，讓潛在客戶購買意願低；相反地，認知價值是充滿溫度的故事，可以打動人，讓潛在客戶購買意願高。而我們都知道，「產品本身沒有故事，和產品有關的人，才有故事」，所以任何一個產品的認知價值，其實就是關於人的故事。

一個故事只要有一個主角

「聚焦」元素提醒我們，和產品有關的人可以很多，但每個故事只有一個主角，講述該主角發生的事就行。不同的人可以有不同的故事，一個故事有兩個以上的主角，那就會變成冗長的碎念了。

和產品相關的人一定不少，透過表1，我們可以開始有系統地蒐集許多故事，創造產品的認知價值。

舉例來說，有一家人委託房仲賣房，房仲盡責地了解房子的坪數、格局、裝潢、屋齡、位置、周遭環境……（這些都是產品的實際價值），同時也聰明地詢問了屋主一家人：「這間房子讓你們感到最快樂、最滿意、印象最深刻的回憶是什麼呢？」（這問題得到的答案就是產品的認知價值。）因為這個問題，一家人開始陷入和房子的回憶，一個又一個故事就出現了。

表1

核心概念：產品本身沒有故事，和產品有關的人，才有故事	
產品	
一個主要角色	
一個主要時間	
一個主要地點	
一個主要行動	
一個主要目標	

首先是男主人的故事：

這間房子讓我最滿意的就是離捷運站很近。我的公司早上八點要打卡，從我家開車出發，會遇到尖峰時段的嚴重塞車狀況，所以早上六點鐘就一定要出門。如果有時因為應酬到凌晨才回家，我的休息時間可能不到五個小時，最大的關鍵是，兒子還沒起床我就出門了，而兒子上床睡覺了我才回家，幾乎沒有和兒子有互動的時間，這是很可惜的一件事。好險我們家離捷運很近，後來我嘗試改搭捷運，發現原來搭捷運避開塞車潮，可以那麼快就到公司。

我現在最晚七點十分出門都還來得及，不僅晚上睡眠時間變多，更重要的是，每天早上有時間和家人一起吃早餐了。這對我的生活品質很重要，是我對這間房子最滿意的地方，離捷運站很近真的太棒了！

男主人的上班通勤故事，是不是比單純對看房子的人說「這房子離捷運站很近」來得有力量多了？這就是實際價值和認知價值的差別。接著就把這個故事透過表1整理出來（參表1A）：

表1A

核心概念：產品本身沒有故事，和產品有關的人，才有故事	
產品	房子
一個主要角色	男主人
一個主要時間	早上八點公司要打卡
一個主要地點	開車上班路上會塞車
一個主要行動	改搭捷運，捷運站離家近
一個主要目標	增加更多休息時間以及和家人相處的時光

你會發現，只要看著表格內容，就可以簡單說出一個讓人有感的故事，甚

至可以從更多人口中聽到故事，進而儲存就變成自己的故事。

當然，這間房子還不止如此，它也守護了女主人。她是這麼回憶的：

> 我每天最焦慮的一件事，就是下班後要趕到菜市場買晚上要煮的菜。沿路車水馬龍、烏煙瘴氣就算了，到了菜市場也是人擠人，有時要買的食材還賣完了，讓我慌了手腳，不知道晚上該煮什麼。常常一陣慌亂後，回到家的心情變得很糟，家人的一句話很容易就會讓我爆氣，好好的家庭時光都毀了。
>
> 後來，同事介紹我線上買菜，這真的很方便；但更讓我開心的是，每次我停好車、準備搭電梯回家時，管理員就會將我買的菜送到電梯前給我，讓我搭電梯上樓回家就能煮菜。
>
> 社區管理員都很貼心，一直是我們社區最大的特色，真的是我覺得最滿意的地方。

現在幾乎每個社區都有管理員，但是透過女主人的故事一襯托，這樣一個普通的特色是不是增添了不少溫度？接著，我們把女主人的故事透過表1整理出來（參表1B）：

表1B

核心概念：產品本身沒有故事，和產品有關的人，才有故事	
產品	房子
一個主要角色	女主人
一個主要時間	傍晚五點，下班時間
一個主要地點	前往菜市場的路上
一個主要行動	買菜回家煮晚餐
一個主要目標	社區管理員很貼心，晚上煮菜不再是惡夢

隨著時代進步，照顧身心障礙的機構也有了許多轉變，有別於以往醫院、療養院的形式。台灣各縣市出現了許多「會所」型態的機構，身心障礙人士可在會所一起工作，而會所也會進行分組，例如餐飲組、行政組等，每位來會所的人都要認領工作。透過這樣的制度設計，能讓身心障礙人士在工作中學習與他人合作、溝通討論，以及調解衝突的技巧，有助於他們日後更能融入社會。

這個制度設計雖然立意良善，卻讓參與的身心障礙人士覺得自己未領分毫薪水，為什麼要在會所努力工作呢？如果要努力工作，就得給薪水。即便會所的輔導師用心解釋制度設計的本意，但會員們並不領情。

後來，我和輔導師們討論，詢問過往是否曾有會員因為這樣的工作制度，最後順利在社會上找到工作，並且適應良好？輔導師立刻想到，小美（化名）因為精神方面的疾病，很容易情緒暴走，因此不管在清潔業、物流業、餐飲業都因看不慣同事的行為，或者長期工作壓力的累積，與同事起了劇烈爭執而離職。她休息一段時間後加入了會所，擔任餐飲組的工作，邊工作邊參加相關培訓課程，這才知道原來溝通是有技巧的，看不慣夥伴的衛生習慣，不一定要用罵的，可以運用溝通方法好好說；出餐壓力太大時也可請夥伴支援，不一定要自己硬扛，被壓力搞到崩潰。

經過一年多在會所的工作實習，小美應徵上知名餐廳，擔任廚房清潔工作。以前只要看不慣就會一言不合吵架的小美，現在已經知道要適當說出自己的想法，在餐廳工作了快一年，不僅適應良好，還加了薪水！

這就是會所的工作制度影響到的人！前面提到，「產品本身沒有故事，和產品有關的人，才有故事」，會所的工作制度就是冷冰冰的實際價值，但這個制度讓小美再度融入社會工作，就是有溫度的認知價值。後來輔導師和其他會員們分享小美的案例，果然比起單純介紹會所制度，更能讓會員們了解其中的用意，配合度也大大提高。

我們將這個故事運用表1做一次整理（參表1C）：

表1C

核心概念：產品本身沒有故事，和產品有關的人，才有故事	
產品	會所的工作制度
一個主要角色	小美
一個主要時間	小美和同事吵架離職後
一個主要地點	會所的工作場合
一個主要行動	從會所的工作和課程中學到溝通和抗壓技巧
一個主要目標	小美再次融入工作，還加了薪水

創造有溫度的故事

透過上述例子可以發現，善用表1能得到三個好處：

一、提醒自己，「產品本身沒有故事，和產品有關的人，才有故事」。要避開圍繞在產品特色、想著如何設計故事的死胡同，而是去想產品本身曾經幫助過的對象、產品曾讓誰轉危為安或曾讓誰不留遺憾，這些「人」才是故事的主角，圍繞著這些人設計的故事，才有溫度。

二、故事一定是圍繞著一位主角發生的事，這樣才能聚焦，才不會太冗長。有些故事一不小心就變成長篇大論，不僅令聽者毫無感覺，還覺得花了太多時間聽這些和自己沒有直接關係的事。善用聚焦的五個元素，不僅可以把故事說得簡潔有力，更可以把故事說得讓人有畫面、有感覺。

三、好的故事可以透過表格記錄而永遠保留下來，不會被遺忘。不管過了多久，看到表格中填寫的關鍵字，都可以快速回憶起這則故事，不讓好故事從我們的指尖溜走，這是最浪費的一件事。

善用「聚焦」元素，我們把焦點從產品轉移到與產品有關的人身上，而從這一刻起，一個又一個有溫度的故事就會不斷地冒出來。

第2章

故事行銷元素二：對比

——撥動情感，創造細節

被譽為正向心理學經典的《象與騎象人》（*The Happiness Hypothesis: Finding Modern Truth in Ancient Wisdom*）一書提到，人的大腦有依照本能直覺行動的部分，也有深思熟慮、思考再三後行動的部分。作者強納森·海德（Jonathan Haidt）以一個具體的比喻說明：本能直覺行動的部分就是大象，深思熟慮的部分就是騎象人；一般騎象人只要揮動轠繩，就可以指揮大象轉彎、停止或向前走，不過那是在大象溫馴的情況下才有辦法做到，一旦大象真的想要做什麼，騎象人根本無法指揮大象。

以生活為例，我們會告訴自己要少吃甜食和油炸食物，這樣對身體才健康。這是騎象人深思熟慮後的想法，聽起來很合理、很健康。但是當甜甜圈擺在眼前、現炸雞腿撒上香噴噴的胡椒放在桌上，這時大象的欲望就被勾動。伸手出去要拿甜甜圈的前一秒猶豫了一下，但也就僅僅那一秒而已，接下來騎象人就無能為力，只能任由大象予取予求，好好飽餐一頓，什麼少吃甜食、少吃油炸食物的想法，就等吃完這一頓再說。

由此，書中提出了一個經典概念：人類需要靠情感，踏出做決定的臨門一腳。我們一直以為自己是理性思考，但真是這樣嗎？看看屋裡衝動購買卻始終沒派上用場又捨不得丟的物品，真能確定我們是理性思考嗎？其實當我們猶豫不決是否做某個決定時，通常是當下的情緒（大象）幫我們跨出那臨門一腳。

暴衝的大象

我的體重超過一百三十公斤，工作之餘的閒暇時光，可以想見出門運動絕不是我的首選。有一次去逛街，隨意逛到一家賣腳踏車的店，原本只是隨意逛逛，沒想到店員深諳驅動我內心大象的訣竅！他沒有著重在腳踏車的材質多輕量化，也沒有強調變速有幾段的高科技，這些都是冷冰冰的實際價值；他開頭就問：「孩子今年多大了？」

我看著和我一起逛街的兒子，回應他：「明年要升國小一年級。」

他說：「買一輛腳踏車每天輕鬆騎個三十分鐘，又可以看看沿途風景，重點是還能輕鬆練身體，以後有更長時間陪兒子四處逛街，是不是很重要？沒有比騎車更愜意又更有效的鍛鍊身體方法了。」

我的天啊，不過是一段話而已，就讓我腦中出現了很多畫面（大象最容易受到畫面或實體物品打動）。我腦中出現了傍晚吹著微風騎腳踏車的畫面，還出現因為每天騎腳踏車而肚子愈來愈小的畫面，更出現了因為身體變健康而可以陪孩子長大的畫面。或許你會認為是我的想像力太豐富（這當然也是其中之一），但店員並未糾結於產品細節，而是聚焦在人身上，像是我的健康、親子相處的美好，也的確驅動了我的大象，當下就衝動買了一輛腳踏車。然後你可以想見，那輛車依然放在我家陽台，一年唯一會移動的時候就是過年要刷洗陽台時。每年我都會被太太白眼無數次，因為我衝動買了一個捨不得丟的高單價產品。但每次看到這輛腳踏車，都提醒我「人類需要靠情感踏出做決定的臨門一腳」，而這位店員成功撥動了我的情感。

問題是，他是如何做到的？為什麼我腦中的大象會在那一刻暴衝，讓騎象人完全拉不住？要撥動人們的情感，就要善用「對比」，也就是故事行銷的第二個元素。

「衝突」的重要

對比是什麼？其實我們生活中處處有對比，「高」和「矮」是一種對比，「遠」和「近」是一種對比，「大」和「小」是一種對比；在商業領域中，「昂貴」和「便宜」是一種對比，「乏人問津」和「供不應求」是一種對比，「品牌加值」和「山寨仿冒」又是一種對比。只要生活中有對比，通常會引起我們的注意，例如路上一對情侶一位身高兩百公分、一位一百五十公分，你總會多看兩眼；或是一家熱炒店門口牌子寫著「老闆母親今天生日，生魚片一盤大特價九十九元（原價五百四十九元）」，祝賀老闆母親長長久久」，你也會被吸引。可以說，我們天生容易受到「對比」的吸引。

在《小說課III：偷電影的故事賊》一書中，有一句話是所有說故事的人都應該銘記在心：「如果戲劇可以濃縮再濃縮，濃縮到最後只能剩下兩個字，這兩個字叫『衝突』。」為什麼衝突很重要？因為衝突可以勾起人們的情緒，而情緒可以驅動大象。我認為，衝突就是對比的升級版。我們沒有要拍電影，可能也想不出震撼人心的衝突情節，但是在我們想講的行銷故事中加入有對比的情節，就能勾起聽者的情緒，而情緒就會讓大象開始行動，這時理性的騎象人就很難插手。

了解對比的重要性，再看看腳踏車店員對我說的話，就知道威力有多大。這短短的一段話創造了兩個對比，第一個是「運動很辛苦 vs. 運動很輕鬆」，第二個是「身體健康，有更長時間陪兒子 vs. 身體不健康，沒機會陪兒子」。

第一個對比讓我有放鬆的感覺，原來運動可以很輕鬆，不一定要跑到氣喘吁吁，也不用打球打得滿身大汗，我可以騎著腳踏車，吹著微風，享受沿途風景，又可以運動，這樣很不錯。第二個對比卻讓我有害怕的感覺，因為醫生曾告誡我，這樣的體重和生活型態對身體的負擔很大，建議我一定要改變，否則我可能會看不到兒子的國小畢業典禮，一想到我就擔心。因為這樣的情緒，我腦中的大象就蠢蠢欲動，然後就把腳踏車帶回家了。

然而等到大象去休息後，騎象人重新占上風，經過各種現實生活的評估，包括工作太忙碌、外面太炎熱、都市交通不容易，讓我愈來愈少騎腳踏車。但這位店員創造對比、勾起情緒的能力，依然讓我印象深刻，因此我決定繼續把腳踏車留在陽台向他致敬，當然這也需要無視太太白眼的勇氣。

在對比中加入更多細節

加入對比元素後，我們可以將聚焦元素蒐集到的故事進行簡單加工，讓每個故事更有力量。以第一章的表1C為例（參頁四一），我們可以先自問，在小美的故事中，主要的對比是什麼？答案是「吵架 vs. 好好溝通」。或許你不明白為什麼是這個答案，我簡單解釋一下：小美原本在工作上對同事或主管有不滿意的地方，卻不知道如何開口表達，導致不滿情緒持續累積，爆發後只能用激烈方式表達，最後雙方不歡而散。到會所上課學習溝通方式後，小美在新工作遇有不滿時，開始懂得用適當的方式溝通，不滿的情緒得到有效抒發，終於不再動不動就和同事大小聲，工作也愈來愈順利。所以這個例子的對比是「吵架 vs. 好好溝通」。

在掌握對比後，就可以進行簡單加工（參下頁表1D）。我們可以在表格中將重點情節進行標注（對比）字樣，如此我們就知道這些情節是整個故事的關鍵，因為這些故事情節創造了對比，讓聽者有感覺。以小美的故事來說，就是「一個主要時間」和「一個主要行動」。一個主要時間描述小美如何和同事吵架；一個主要行動描述小美學會了溝通技巧，在新工作和同事意見不合時，懂得善用溝通技巧。這樣的對比情節，讓聽者對會所的制

表1D

核心概念：產品本身沒有故事，和產品有關的人，才有故事	
產品	會所的工作制度
一個主要角色	小美
一個主要時間	小美和同事吵架離職後（對比）
一個主要地點	會所的工作場合
一個主要行動	從會所的工作和課程中學到溝通和抗壓技巧（對比）
一個主要目標	小美再次融入工作，還加了薪水（對比）

度更有感。

這裡有一個小訣竅，就是在標注（對比）的環節中，可以更多地描述故事細節，因為細節會讓聽者腦中更能勾勒出畫面，也更能融入故事裡。這是說故事的江湖一點訣，善用就會有放大效果。

原本小美的故事是這樣的：

小美因為精神方面的疾病，很容易情緒暴走，因此不管在清潔業、物流業、餐飲業都因為看不慣同事的行為，或者長期工作壓力的累積，與同事起了劇烈爭執而離職。她休息一段時間後加入了會所，擔任餐飲組的工作，邊工作邊參加相關培訓課程，這才知道原來溝通是有技巧的，看不慣夥伴的衛生習慣，不一定要用罵的，可以運用溝通方法好好說；出餐壓力太大時也可請夥伴支援，不一定要自己硬扛，被壓力搞到崩潰。

經過一年多的會所工作實習，小美應徵上知名餐廳，擔任廚房清潔工作。以前只要看不慣就會一言不合吵架的小美，現在已經知道要適當說出自己的想法，在餐廳工作了快一年，不僅適應良好，還加了薪水！

我們試著在創造對比的環節中，重點描述故事細節，感受看看是否有所不同：

小美因為精神方面的疾病，很容易情緒暴走，因此不管在清潔業、物流業和餐飲業，只要同事有遲到早退、作業不符合流程等行為，加上主管睜一隻眼閉一隻眼的態度，小美就會發出正義之聲，敦促同事們要認真工作，不要因為自己想摸魚，就加重其他人的負擔。甚至還當眾對主管說：「當主管要有主管的樣子，不要連下屬都管不好！」這讓主管在眾人面前下不了台，最後對小美懷恨在心。結果，小美的每一份工作最後總是不歡而散，離職收場。

在家休息一段時間後，小美加入了會所，擔任餐飲組的工作，邊工作邊參加相關培訓課程，這才知道原來工作是有技巧的，不是一股腦地把自己的情緒和想說的話發洩出來就行。

她開始練習，當對同事的某些做法看不慣時，她會說：「這件事的做法我有不同意見，你可以聽聽我的想法嗎？」「我很好奇你這樣做的原因，因為這跟我原來想的不一樣。」或者：「今天中午的休息時間，我可否請你喝杯咖啡，十五分鐘左右的時間，因為××案子我們的想法不同，我不想彼此留下不愉快，我們聊聊好嗎？」因為小美在溝通技巧上的改變，讓她在會所獲得好人緣，也對重新加入職場再次擁有信心。現在小美在餐廳工作了快一年，不僅適應良好，還加了薪水。

比較一下兩個版本的小美故事，你會發現對比處加入更多細節的第二個版本故事，更能引起感覺。加入會所前的小美與同事互動時的衝動言論，讓聽者都會替她捏把冷汗，這是一種擔心的感覺。加入會所後，與同事的溝通變得更有技巧、更有同理心，也讓人為她感到開心，這也是一種感覺（不要忘記，感覺會讓大象行動）。最後，參加會所的會員們願意積極投入到工作中，不再抱怨沒有錢領，就是因為小美故事中的鮮明對比，讓他們聽完有感覺，因而願意開始行動。

由此可知，對比在故事中的重要性不言而喻。

第3章

故事行銷元素三：真實

——你要說的不是寓言故事

我們來進行一個思想實驗：今天給你現金一百元共十張，然後你在路上會看到兩組人，都是不到十歲的姊弟組合。第一組姊弟拿的牌子上面寫「我無家可歸需要援助」，第二組姊弟拿的牌子寫「媽媽叫我們在這等候，那是十年前的事」。問題來了，如果你必須將十張一百元現金給他們，你會給哪一組比較多錢呢？或者你會把錢全給哪一組？

我在許多企業進行「亮點故事行銷」課程時，也會對他們進行這個思想實驗，你猜大多數人的選擇是什麼呢？八成以上的學員會選擇將大多數的錢，甚至全部的錢，給第一組姊弟，也就是手上拿著「我無家可歸需要援助」牌子的那組。為什麼？明明第二組看起來更可憐啊。答案是因為第一組更「真實」，第二組的姊弟不免讓人起疑，若是十年前的事，這十年他們住哪呢？一定有人提供飲食起居，不可能在這裡站十年吧？只要這麼一想，就會覺得第二組姊弟應該是騙人的，因此許多人都選擇把錢給第一組姊弟。這就是第三個元素「真實」的重要。

故事不真實，效果大打折扣

我們的故事要真實、情節要合理，這樣才有可信度；我們要說真實發生的故事，不要說寓言故事。寓言故事是睡前聽的，真實故事是商業世界可以運用的，尤其如果我們是賣產品的人，贏得客戶信任就非常重要，千萬不要說出情節誇張的故事，只要客戶懷疑故事是假的，連帶產品都會被懷疑，這可就得不償失了。

如何讓故事聽起來真實呢？關鍵在於情節必須合理，不要誇大。現在回頭檢視在第一章分享的兩個故事，第一個故事是男屋主的故事，我們再看一次表1A：

表1A

核心概念：產品本身沒有故事，和產品有關的人，才有故事	
產品	房子
一個主要角色	男主人
一個主要時間	早上八點公司要打卡
一個主要地點	開車上班路上會塞車
一個主要行動	改搭捷運，捷運站離家近
一個主要目標	增加更多休息時間以及和家人相處的時光

這位男屋主的故事情節都很合理，所以讓看房子的人相信這是一個真實故事。但如果我們講述故事時，把「早上八點公司要打卡，所以他早上六點就要開車出門上班」，改成「早上八點公司要打卡，所以他凌晨四點就要開車出門上班」，這個時間也太早了吧，顯然這屋子離上班的地方太遠了，怎麼可能每天這樣上下班！因為情節太誇張了，看房子的人一定會覺得故事是虛構的，於是真實性就被打折扣了。因此，對於故事細節的掌握一定要注意合理性，不然就浪費了一個好故事。

再來看看女屋主的故事，透過表1B回顧一下（參下頁）。

女屋主下班後還要趕去買菜，常常搞得自己身心俱疲。還好現在可以透過線上買菜，當天中午買，下午就將菜送到家。社區管理員也很貼心，都會幫忙把菜整理好，女屋主每天下班回到家停好車，準備搭電梯返家時，管理員就將菜送上，讓女屋主一回到家就能煮晚餐。真是非常貼心的社區管理員，從此女屋主下班後再也不用為了趕去買菜而手忙腳亂。

表1B

核心概念：產品本身沒有故事，和產品有關的人，才有故事	
產品	房子
一個主要角色	女主人
一個主要時間	傍晚五點，下班時間
一個主要地點	前往菜市場的路上
一個主要行動	買菜回家煮晚餐
一個主要目標	社區管理員很貼心、晚上煮菜不再是惡夢

如果我們將故事的情節改動一下，社區管理員不僅將女屋主的菜整理好、送到正在等電梯的女屋主手上，還更貼心地到女屋主家中幫忙煮菜，如此一來，是不是故事就顯得太不符合現實了？看房子的客人難免會想：「社區管理

員怎麼可能會幫忙煮菜？這太誇張了！哪個管理員會做到這種地步？這個故事應該是假的吧？這個房仲為了賣房子竟然講出這種故事，到底哪些話是真的、哪些是假的？以後還是少接觸為妙。」原本一個好不容易蒐集來的精彩故事，卻因為隨意改動情節，沒有注意到故事的真實性，反而得到反效果。

在《行為設計學：讓創意更有粘性》一書中提到，「人們聽故事時，會將故事在大腦中模擬」，以這個男屋主和女屋主的故事為例，預約看房的客人會將自己帶入男屋主的角色，他們會想：「我以後早上上班，有捷運真的挺方便，又可免去塞車之苦，還能和家人一起吃早餐，這畫面很棒！」他們也會將自己帶入女屋主的角色，想著：「下班回到家，管理員大哥就會將我在網路上買好的菜拿給我，讓我可以輕鬆煮晚餐，這真的很不錯！」大腦會跟著故事細節產生畫面，並且將自己帶入畫面中，這樣的畫面感對大腦是很有說服力的。

但這一切都建立在故事情節必須符合邏輯，不能誇張，否則聽者就會產生質疑，如此一來，大腦不會產生畫面，只會覺得荒謬，故事就失去效果，原本希望運用故事放大產品特色的期望就功虧一簣。

第4章

聚焦＋對比＋真實，故事更動人

「比起說道理，說故事更能讓聽者印象深刻」，這個概念你我或許都曾聽過，但很有可能以為自己在說故事，其實是在說道理，這是我們最常踩到的說故事地雷。但該如何避開這個地雷呢？關鍵就是掌握「聚焦＋對比＋真實」的故事行銷三元素。

一段平凡無奇的描述只要加入這三個元素，就會變得很有故事感；相反地，一個我們自認為很精彩的故事，如果沒有事先檢視是否包含這三個元素，充其量也只是一段平淡的敘述。看看下面這個真實案例。

荷包蛋不只是荷包蛋

曾經有朋友來台中，便約了三五好友一起吃飯，餐廳的餐點道道都注重視覺、觸覺和嗅覺的搭配，是一次非常美好的用餐體驗。最後一道菜是「松露蕈菇奶油燉飯」，上面放有與人數相符的荷包蛋。主廚親自到桌邊向大家致意，並試圖用一個故事放大最後一道菜的特色。

主廚說：「為什麼松露蕈菇奶油燉飯上面會有荷包蛋呢？因為小時候都會跟媽媽說想吃荷包蛋當晚餐，而這道菜有四個蛋，一人一個不用搶。」話一說畢，現場氣氛為之一冷，大家心裡大概都想著：「其實我已經吃很飽了，這道菜我也沒有一定要吃荷包蛋，沒有一定要搶的意思。」

餐廳經理見氣氛有點尷尬，趕緊出來打圓場，並幫主廚補充一個故事。他說：「主廚有四個兄弟姊妹，家境並不富裕，但過得開開心心。晚餐最喜歡媽媽的荷包蛋，又香又好吃，可是小孩正在發育，一個荷包蛋常覺得不夠，嚷著還要多吃一個。媽媽這時總會說：『我和爸爸的荷包蛋給你們吃，我們以前吃太多都吃膩了。』小時候不懂事，真的以為爸媽吃膩了荷包蛋，長大才發現，這是對孩子們的愛！所以，主廚總是堅持最後一道菜一定要放上煎得香酥的荷包蛋，代表親人之間的愛永遠流傳。」

餐廳經理是說故事高手，經過他的重新敘述，大家忽然都想起了自己的父母，這道菜也增加了溫度。經理瞬間讓這個故事起死回生，透過故事放大了產品特色，也放大了主廚的用心。聚會結束後，我看到許多朋友都在自己的社群平台分享這個故事，也稱讚餐廳的用心。除了餐點和用餐氛圍真的很棒之外，我想這個故事起了畫龍點睛之效。

用三元素拆解故事

接下來透過前面介紹的故事行銷三元素，拆解餐廳經理說的故事，為什麼主廚口中讓人尷尬的敘述，從餐廳經理口中說出來卻如此動人？

首先是「聚焦」。我們要聚焦在角色、時間、地點、行動、目標這五個細節上，有了細節才會讓故事有畫面。透過表1整理如下（參表1E）：

表1E

核心概念：產品本身沒有故事，和產品有關的人，才有故事	
產品	松露蕈菇奶油燉飯配上滿滿的荷包蛋
一個主要角色	主廚的媽媽
一個主要時間	晚餐時間
一個主要地點	餐桌上
一個主要行動	媽媽忍著想吃蛋的欲望，將荷包蛋讓給孩子吃
一個主要目標	讓孩子吃得飽，健康長大

從上表可以清楚看到，整個故事聚焦在主廚的媽媽在晚餐餐桌上把荷包蛋

讓給孩子吃的行為，而這個行為彰顯了父母對孩子的愛，讓人動容。這樣有溫度的故事，放大了餐點的特色，也放大了餐廳的用心，讓用餐的客人樂意透過社群平台分享用餐體驗。

再來是「對比」。在故事中刻意創造對比的情節，能讓聽眾腦中產生畫面。我們可以思索這個故事的哪一段情節能夠凸顯對比，我認為是「家境並不富裕，但父母還是讓孩子們吃得又飽又營養」，以及「父母想吃荷包蛋的欲望和願意把荷包蛋讓給孩子吃」。接著根據上表註記出對比，參表1F。

將對比在表格中進行註記，如此一來每次要講這個故事時，就會記得要在故事情節中凸顯對比，確保每次說故事都能讓聽者有感覺。

最後是「真實」。要注意故事情節是否合乎邏輯、合乎人情義理，當情節太誇張，便容易讓聽者懷疑故事的真實性，連帶懷疑產品的可靠性，反而得不償失。唯有真實，故事才有力量。

表1F

核心概念：產品本身沒有故事，和產品有關的人，才有故事	
產品	松露蕈菇奶油燉飯配上滿滿荷包蛋
一個主要角色	主廚媽媽
一個主要時間	晚餐時間
一個主要地點	餐桌上
一個主要行動	媽媽忍著想吃蛋的欲望，將荷包蛋讓給孩子吃 （對比：父母想吃 vs.讓給孩子吃）
一個主要目標	讓孩子吃得飽，健康長大 （對比：家境貧窮 vs.孩子吃得飽）

在這個故事中，父母將晚餐的荷包蛋讓給四個孩子吃，這是合乎邏輯的情節，但如果父母將整份晚餐都讓給孩子吃，那就不太合乎邏輯了。父母肚子不會餓嗎？隔天上班有力氣嗎？這些都是會讓聽者懷疑的情節，因此在講故事的時候，這部分情節的說明要特別明確。

而餐廳經理說的故事，十分符合故事行銷的每一個元素，難怪讓在場的我們聽完都很有感覺。無論何時，只要得到一個好故事，都可以運用這三個元素將故事變得更有溫度，如此就能更加放大我們的產品喔。

第二部

透過故事感，用故事放大產品優勢

什麼是故事？就是讓聽者聽完後腦中有畫面，心中有感覺。
我們不是要說故事，而是要說得很有故事感，
這樣就達到靠故事放大產品特色的目標，
這個產品就能在滿天繁星中成為被人記住的那顆星。

台中國立自然科學博物館不定時會舉辦夜晚觀星活動，每每透過解說員詳細說明夜空中的星星，總能讓人感受到繁星的美麗和宇宙的奧妙。

我的印象很深刻，在一次的觀星活動中，解說員用雷射筆指向天空的一顆星星，然後問現在觀眾是否知道星星的名字。現場一片靜默，因為沒人知道這顆星星的名字。解說員繼續說：「沒人知道，對吧？這很正常，因為星星太多了，我們很難記住所有的星星。」就在所有人點頭之際，他又說了：「不過有兩顆星星如果我告訴你們在哪裡，以後在夜空中看見它們，那就永遠都不會忘記了！」就在大家好奇是哪兩顆星星時，解說員的雷射筆指向群星璀璨的夜空，然後說：「這顆是牛郎星，這顆是織女星，它們和另外一顆星星組成夏季大三角。」

語畢，隨即響起了所有人的驚嘆聲。我想當天在場的觀眾以後只要抬起頭來，都能和朋友們分享哪個是牛郎星、哪個是織女星，然後享受著周圍投來的羨慕眼神。

為什麼解說員一說到牛郎星和織女星，大家都會那麼有共鳴呢？因為這兩顆星星背後有七夕的故事，換句話說，七夕的故事放大了牛郎星和織女星在人們心中的知名度。

這讓我開始思考，這個時代的產品其實就像天上繁星，讓人看得眼花撩亂，根本無法產生印象，這就像解說員隨便指著天上的一顆星星，大家都叫不出名字一樣。但如果我們為自己的產品找到專屬的故事呢？那麼這個故事就會放大我們產品的特色，就像七夕故事放大了牛郎星和織女星一樣。

願你我的產品都能成為市場上最閃亮的那顆星，人們一眼就能認出來。但這要怎麼做呢？首先，就要從幫產品找到專屬的故事開始。

第5章

不需要編劇功力，兩招打造「故事感」

我到企業進行「亮點故事行銷」課程時，一定會有學員問：「老師，我知道幫產品找到適合的故事很重要，但我就是找不到故事啊，怎麼辦？」每次聽到這個問題，我都會問：「在你心中，什麼是故事呢？」是不是一定要有神轉折般的劇情？是不是主角到最後要得到巨大的成長？是不是觀眾聽故事時一定要哈哈大笑或默默拭淚？如果你心中的故事是這樣，那真的不容易，這已經是編劇等級的高手，才能夠寫出這樣的厲害故事。但我們不是編劇，不用給自己那麼高的標準，壓力太大了。

那麼在我心中，什麼是故事呢？答案是：讓聽者聽完後腦中有畫面，心中有感覺。不用是精彩的畫面，不必是巨大的感覺，只要有一絲絲畫面，好過只是說道理；只要有一絲絲感覺，好過只是碎碎念。腦中有畫面，心中有感覺，就是我認為的故事感。為產品找故事時，我的核心思想就是：我們不是要說故事，而是要說得很有故事感，這樣就達到靠故事放大產品特色的目標，這個產品就能在滿天繁星中成為被人記住的那顆星。

鋪陳細節，營造畫面感

所謂腦中有畫面，靠的就是細節的鋪陳。舉例來說，如果我的產品是一個隨行杯，它的特色是輕量化的瓶身設計，最平淡無奇且沒有故事感的介紹就是：我們的隨行杯最大的特色是輕量化的瓶身設計。現在我們加入細節，看看會有何不同。

首先加入一個角色：「我有個朋友是知名婚禮主持人，她最喜歡帶我們家這個輕量化的隨行杯。」是不是馬上有個婚禮主持人拿著隨行杯的畫面了？

接著加入時間和地點：「我有個朋友是知名婚禮主持人，她每天都會搭乘高鐵南來北往，在不同縣市主持活動。長時間移動時，她最喜歡帶我們家這個輕量化的隨行杯。」哇，畫面是不是更清晰了？有位婚禮主持人搭乘高鐵拿著隨行杯的畫面出現了。

最後加入行動和目標：「我有個朋友是知名婚禮主持人，她每天都會搭乘高鐵南來北往，在不同縣市主持活動。為了保持皮膚水嫩嫩的最佳狀態，一定會時常喝水補充水分。她最喜歡帶我們家這個輕量化的隨行杯，因為整天拖著裝滿禮服、化妝品、麥克風設備的行李箱已經夠重了，如果其他物品能減輕負擔，那真是幫了她大忙，為此她一直是我們家隨行杯的愛用者。而她不只自己用，還推薦給許多也需要四處工作的同行。」透過細節的添加，整個畫面感都出來了，一個婚禮主持人整天拖著很重的行李趕高鐵，這時有個輕量化的隨行杯真是幫了她大忙。她在高鐵上喝了一口隨行杯裡的水，嘴角不由自主地上揚了。

看著這個故事，腦中就會不自覺地出現這些畫面，這就是細節的力量。而你發現了嗎？細節來自於故事行銷的第一個元素：「聚焦」，參表1G：

表1G

核心概念：產品本身沒有故事，和產品有關的人，才有故事	
產品	輕量化的隨行杯
一個主要角色	婚禮主持人
一個主要時間	每天南來北往搭乘高鐵的時間
一個主要地點	前往各縣市主持的高鐵上
一個主要行動	需要時常補充水分，維持水嫩嫩的皮膚
一個主要目標	能夠有減輕重量的隨身物品，減輕通勤的負擔

先確定要凸顯的產品特色為何，接著透過「聚焦」的五個細節，就可以

快速整理出讓聽者有畫面的故事。這個故事很簡單、很平凡，可能就是你的客戶、朋友、家人，或是自己真實發生的事，因為真實發生過，所以不需要有高超的說故事技巧，也能描述得栩栩如生，讓聽者身歷其境，腦中產生畫面。

創造對比，加深感覺

有故事感的第二個要素就是有感覺。要讓聽者有感覺，靠的是創造對比，像是婚禮主持人每天上班的行李重量是三十公斤，對比一般上班族包包重量是三公斤，在對比處增加更多情節的描述，會讓聽者更有感覺。於是故事就變成這樣：

我有個朋友是知名婚禮主持人，她每天都會搭乘高鐵南來北往，在不同縣市主持活動。為了保持皮膚水嫩嫩的最佳狀態，一定會時常喝水補充水分。她最喜歡帶我們家這個輕量化的隨行杯，因為她整天拖著裝滿禮服、化妝品、麥克風設備的行李箱，重達三十公斤以上，還時常遇到沒有手扶梯、需要自己抬行李箱走幾十階樓梯的情況，比起一般上班族的包包平均三公斤的重量，真的是小巫見大巫。所以，如果其他物品能減輕負擔，那真是幫了她大忙，為此她一直是我們家隨行杯的愛用者。而她不只自己用，還推薦給許多也需要四處工作的同行！

從這個故事可以發現，這又運用到故事行銷的第二個元素「對比」，參下頁表1H。

這樣一個婚禮主持人的故事，它是一個精彩絕倫的故事嗎？可以拍成電影、寫成小說嗎？當然不行！但這樣一個有畫面、有感覺的故事，已經足夠放大產品的特色，讓消費者對隨行杯輕量化這個特質印象深刻。所以這不是一個精彩的故事，卻是一個有故事感的故事，只要掌握有畫面、有感覺的訣竅，每個人都能說出有故事感的故事。

表1H

核心概念：產品本身沒有故事，和產品有關的人，才有故事	
產品特色	輕量化的隨行杯
一個主要角色	婚禮主持人
一個主要時間	每天南來北往搭乘高鐵的時間
一個主要地點	前往各縣市主持的高鐵上
一個主要行動	需要時常補充水分，維持水嫩嫩的皮膚
一個主要目標	能夠有減輕重量的隨身物品減輕通勤的負擔 （對比：三十公斤的行李箱 vs.三公斤的包包）

接著，剩下最後一個疑問：故事從哪裡找？答案很簡單，就來自於故事行銷的第三個元素「真實」。商業行銷最忌諱說假故事，因為假故事會讓客戶產生懷疑，失去信任，所以故事一定是從真實生活中而來。但故事要從真實生活中的哪裡尋找呢？請跟著我繼續看下去。

第6章

有故事感的自我介紹

受到少子化的時代趨勢，現在各國中、高中、大專校院的經營都不容易，校長們總要把握每一次的招生機會。我時常受邀在晚上時間到不同國中和家長們進行講座，而除了家長之外，還會有多所高中的校長會來演講現場。在我的演講開始之前，每位校長會有五分鐘時間向家長們介紹自己學校的特色，希望家長能考慮讓孩子就讀他們的學校。

可以想見這是多麼不容易的事，時間只有短短五分鐘，而且來分享的高中校長不止一位，家長在短時間內接收了大量資訊，但最後其實都忘了。結果，這樣的介紹根本沒有增加多少招生數，甚至連讓家長印象深刻到打電話詢問的次數都沒有，枉費了校長們的辛苦介紹。

讓已淡忘的故事重新浮現

有一次我和一群高中校長進行研習，我提議大家一起練習有故事感的自我介紹，希望讓他們之後向家長們介紹時，能用五分鐘不到的時間就放大學校的特色，增加詢問度。

校長們都非常認真練習，不到兩週時間，就有一位校長產出了能夠凸顯學校特色的故事，他的故事是這樣：

各位爸爸媽媽晚安，我是〇〇高中校長，敝姓陳名叫大木（化名）。各位手上都拿到了一顆我剛發下去的巧克力，這不是要給大家吃的喔，這顆巧克力代表我們學校的核心精神：培養學生「巧」妙「克」服困難的能「力」，取其中三個字縮寫就是「巧克力」。

孩子們入學的時候，我們也都會發一顆巧克力提醒他們，學校最重視的就是「巧妙克服困難的能力」。我想爸媽們都認同，這個時代變化非常快速，學校學的知識到了出社會以後可能都過時了，但有一樣能力是永遠不會過時，那就是解決問題的能力，也就是我們的巧克力，巧妙克服困難的能力。各位爸媽都同意嗎？

說到這裡時，許多家長都默默點頭。一顆巧克力讓家長的腦中產生畫面，再經過一番簡潔有力的解釋，讓他們心中有了感覺，也就是這所學校的特色已經在家長心中被放大了。

緊接著校長就緊扣著巧克力，說了一個學校的故事：

去年，我們有位高三同學平時在校成績很不錯，全校排名前十名，但是模擬考的成績很不理想，可能是因為太緊張或者沒有抓到準備大考的訣竅，結果模擬考排名落在全校一百以外，這讓他非常沮喪。不過平時在學校培養的解決問題、克服困難的思維，這時起了很大作用，他決定不要讓自己繼續陷在懊悔的情緒中，持續請教老師和同學準備大考的方法和訣竅，最後考取了自己想要的科系。這一切都是因為在校時養成解決問題的思維，在關鍵時刻幫了他一個大忙。

我是〇〇高中陳大木校長，如果您也認同解決問題的能力是永不過時的能力，請一定要讓孩子選擇我們學校就讀。我們會自辦說明會，爸媽若有興趣，歡迎隨時打電話到學校詢問細節。

校長說，自從他改成有故事感的自我介紹後，每天家長的詢問電話顯著增加，讓同仁們感到非常驚訝，發現故事真的能夠放大學校的特色！

看完校長的真實案例後，接著來拆解校長是如何做到的。我設計了表2，只要跟著表格一步一步地構思和填寫，每個人都可以設計出有故事感的自我介紹。

表2

我的角色是	
角色使命是	
用一個代表物表示（有畫面）	
選此代表物的說明（有感覺）	
想出一個真實案例（有感覺） （符合故事行銷三元素）	

我們將校長有故事感的自我介紹元素填入表格中，參表2A。

第一行表格填的是角色，每一個人都肩負著許多不同的角色，角色不同，任務就不同，任務不同，使命就不同，所以一定要先釐清自己目前是代表哪個角色進行自我介紹。

表2A

我的角色是	高中校長
角色使命是	培養孩子克服問題的能力
用一個代表物表示（有畫面）	巧克力
選此代表物的說明（有感覺）	解決問題的能力永遠不過時
想出一個真實案例（有感覺）（符合故事行銷三元素）	高三同學模擬考成績不理想的案例

確定角色之後，接著要花一點時間、找一個安靜的地方進行內心的自問自答：我相信的角色使命是什麼？答案可以有很多，但要選出一個自己內心完全相信的答案。

有了使命，就可以挑選一個最適合代表使命的物品，這需要一點想像力，也需要時間去尋找。不過帶來的回報是巨大的，因為代表物如此具體，人們立刻就能在腦海中產生印象深刻的畫面，可以說是過目不忘。上述這位校長現在甚至被學校同學、同事和家長們暱稱為「巧克力校長」，代表物的影響力可見一斑。

確定代表物後，就要填寫相關的說明。我們要用三句話的篇幅，大約兩分鐘的長度進行解釋，只要解釋和代表物有緊密連結，聽者心中就會有「原來如此……」的想法，這一刻產生的感覺，是單純講道理所無法達到的效果。

當以上內容填寫完畢後，最後一行的真實案例其實已呼之欲出。我們看著「代表物」和「說明」這兩行，然後回想是否有符合上述說明的案例，通常細細思考之後，故事就產生了。藉由表2的引導，讓本來已經從我們手中溜走、從腦中淡忘的過往故事，現在又逐漸清晰，並且發揮放大特色的效果。

我們再利用表2看看以下汽車銷售員的真實例子（參表2B）。

表2B

我的角色是	汽車業務銷售員
角色使命是	安全出門，安全回家
用一個代表物表示（有畫面）	烏龜
選此代表物的說明（有感覺）	快樂出門平安歸
想出一個真實案例（有感覺）（符合故事行銷三元素）	諮商心理師在高速公路被追撞，為女兒和家人著想而換車的故事

汽車銷售是一門競爭激烈的行業，畢竟是高單價商品，消費者難免要貨比三家。每次客人來營業所看車，業務大陳（化名）總是熱情介紹汽車的性能，而極少客人會在第一次聽完介紹後就決定買車，通常會表示考慮好了再聯絡。

此時大陳就會有禮貌地說：「沒問題，買車畢竟不便宜，而且一買就會用挺長一段時間，多看幾家是應該的。這是我的名片，我是大陳，有需要請務必與我聯絡。」可以想見，儘管大陳熱情有禮貌，但客人短時間內蒐集了太多汽車業務的名片，要記住大陳根本不容易。因此，即便後來真的有考慮大陳銷售的汽車品牌，再次來到營業所也不一定會找他，於是業績就這樣溜走了。

後來大陳學習了有故事感的自我介紹，完成表2B之後，從此客人對他印象深刻，再次回到營業所時一定會找他。他的做法是這樣的：當客人聽完介紹準備離開時，大陳就會禮貌地遞上名片，這個名片與之前有明顯不同，那就是名片上印製了可愛精緻的小烏龜，客人拿到名片後都會好奇烏龜的意義。此時大陳便開始有故事感的自我介紹：

> 您一定發現我的名片上印了一隻精緻的烏龜，我取「快樂出門平安歸」之意，我們家的車是相同價位級距裡安全等級最高的車，因為開車在外，沒有什麼比安全更重要，你們說對吧？

此時客人腦中就會出現烏龜的畫面，下次再來營業所時，一定會拿著印有烏龜的名片說要找大陳，甚至許多客人直接稱他為烏龜先生，簡直打響了名號。當客人腦中產生畫面後，大陳還可以再接再厲說個故事：

上個月才有一位客人來買一輛車，他是一位諮商心理師，平常工作忙碌，很少有時間陪家人出門走走。好不容易太太規畫了宜蘭五日旅遊，沒想到才準備上高速公路，就被後方一輛煞車不及的車子撞上，整個車尾都凹陷了。坐在副駕駛座的太太肋骨受傷，準備升國小一年級的女兒因為遭到猛烈的撞擊力道，整整三天晚上睡覺都會嚇醒。

期待已久的宜蘭旅遊當然是取消了，原本車尾被撞得面目全非的車子也報銷了，諮商心理師經過這次意外，決定要買一輛更耐撞的車子，畢竟開車在路上，要預防別人開車撞上自己造成的傷害。他多方比較後，毅然決然選擇我們這輛車，因為這輛車真的是同等價位中安全等級最高的。如果您也認同安全的重要性，請一定要回來找我，我是大陳。

故事說完，客人腦中更有畫面了，大陳的故事讓人很有共鳴。大陳說，自從運用有故事感的自我介紹，並把烏龜印到名片上，客人再次指名找他的比例大幅提高，「安全等級高」的故事放大了大陳的產品特色，同時也被客人記住了，沒有被埋沒在滿天繁星中，這是多棒的一件事。

《行為設計學：零成本改變》一書提到，人們的大腦有兩條思考路徑，分別是「分析－思考－決策」的理性思考路徑，以及「看見－感覺－決策」的感性思考路徑。感性思考路徑的威力總是大過理性思考路徑，這就是為什麼人們總是告訴自己不要吃炸雞，因為吃炸雞會胖，這是理性思考路徑產生的決策。但是當我們看見炸雞時，嘴裡吞了吞口水，就不自覺地把炸雞吃下肚，這是感性思考路徑產生的決策，威力強大。

而有故事感的自我介紹，就是在啟動人們的感性思考路徑。當人們分析不同廠牌車子的價格時，思考哪一輛車最符合自己的預算需求，然後下決定購買車，這是理性的思考路徑；而感性的思考路徑是，客人看見大陳名片上的烏龜，聽著大陳分享諮商心理師一家原本高興出遊卻發生意外的故事，種種畫面讓人們產生擔心的感覺，同時意識到安全行車的重要性，這種感覺驅動了人們做了和理性思考路徑完全不同的決策——他們買了稍微超出預算、但安全性更高的車子，這就是感性思考路徑的威力。

家住高雄的靈芝姐（化名）是從業超過十年的財務規畫師，南部許多大老闆、企業二代的財務規畫都是交由她處理。有一次我和她共進午餐，她分享自己讓許多董字輩和總字輩的人記住她的方法，就是名片上除了電話、電郵等基本資訊，還印了一杯蔬果汁。我心想，這不就和有故事感的自我介紹一樣嗎？

她說：「大家看到與眾不同的名片，總會心生好奇，這就是我讓大家對我印象深刻的好機會。」我知道她要說故事了。「我十三年前做健康檢查，沒想到得了癌症，好險發現得早而及時得到治療，從此我開始研究健康飲食，全家盡量少吃外食。我會烹煮低鹽健康餐，每天為家人準備一杯好喝又健康的蔬果汁。生病後我才知道，癌症是累積的，健康也是累積的，現在全家每年的健康檢查都很正常，這就是累積的力量。我幫客戶進行財務規畫，就像每天一杯蔬果汁一樣，我最注重往健康的方向累積，日積月累才會有健康的財務體質，這才是我們要的。」

透過名片上的一杯蔬果汁圖案，直接讓每個大老闆、高階經理人對靈芝姐印象深刻，讓她打開一般財務規畫師望塵莫及的富豪市場。透過表2的設計，我們可以將靈芝姐的自我介紹整理如下頁表2C。

從生活到工作，都要讓人印象深刻

從陳大木校長、汽車銷售員大陳和財務規畫師靈芝姐這三個案例可以發現，當職業賽道的競爭者愈多，就愈需要有故事的自我介紹，讓你的客戶腦中有畫面、心中有感覺，並且對你有印象，如此才能在眾多競爭者中脫穎而出。而只要善用表2，你也可以設計出專屬自己、有故事感的自我介紹。

表2C

我的角色是	財務規畫師
角色使命是	讓財務往健康的方向累積
用一個代表物表示（有畫面）	蔬果汁
選此代表物的說明（有感覺）	健康要累積，健康的財務也要靠累積
想出一個真實案例（有感覺）（符合故事行銷三元素）	十三年前健康檢查罹患癌症的個人故事

你或許會問：「我的職業競爭沒那麼激烈，是不是就不用費心照著表2設計有故事感的自我介紹？」我有個朋友很會考試，也很努力，大學畢業便應屆考上高普考，成為公務員，可以說是工作非常穩定。按照常理推斷，他應該不用費心思考有故事感的自我介紹，但問題是，他的考試實力很強，戀愛運卻不好，總是交不到女朋友，因此時常報名聯誼，希望能找到命中注定的另一半。

但聯誼時的競爭也是很激烈，如何在短時間的相處就讓對方印象深刻，有故事感的自我介紹可說是非常重要！

每個人的生活中都同時走在不同的道路，或許你的職場賽道很順暢，但戀愛賽道卻充滿荊棘，尤其在這個人工作者興起的時代，當你想創業時，就得和許多創業者相互競爭，這時候，讓客戶一聽便印象深刻的自我介紹就很重要。

總之，在這群星閃耀的時代，不妨利用表2設計自己專屬的自我介紹，還可以收到故事放大的紅利。

第7章

有故事感的產品介紹

這是個一窩蜂的時代，什麼產品有市場，隨時就會有一群人投入其中，奉獻出自己的熱情、時間和專業，以期得到豐厚的回報。我是一名講師，在新冠疫情期間，所有實體課程統統取消，全部改為線上課程，使得所有講師、企業邀課單位紛紛投入學習線上課程的相關工具，一時之間，講授電腦操作軟硬體的課程如雨後春筍般冒出來，我也參加了好幾場。那時候在臉書平台上，每天都能看到不同講師在宣傳自己的線上課程，看得眼花撩亂，而最後能夠吸引人參加的，依然是善用故事放大課程特色的講師。

用故事讓產品被看見

有位講師在臉書上是這樣運用故事來凸顯自己的線上課程特色：他拍了一張照片，畫面是自家角落堆滿郵局的包裹箱，大約有五十幾箱，非常壯觀，然後他寫道：「下週六就要舉辦線上課程了，每個學員我都準備了一盒上課物品要寄給他，盒子裡面有兩包精選茶包、兩份好吃的餅乾、一瓶提神醒腦的精油、一本講義、三枝不同顏色的筆。雖然我們不在同一個教室裡，但是在上課前，泡一杯好茶、準備好茶點，上課累了可以抹一點精油提神，運用三種不同顏色的筆，讓講義的重點更容易記住，這是我努力做到和學生在不同空間裡的連結。」我記得這樣一篇文宣，讓這位講師的下一班線上課程瞬間爆滿，因為這篇文章凸顯了他用心照顧學員的心意，希望學員即便不在同一個空間，依然能夠專心上課、用心學習。

台灣新創競技場（Taiwan Startup Stadium）創辦人劉宥彤，在二〇二四年台大EiMBA新生訓練演講時提到，「說故事的能力是最不公平的能力」。

這個時代好產品非常多，但如何讓你的產品被市場看見，需要的就是說故事的能力。將家裡準備寄給學員的郵局包裹拍下來並且發文，就是一種說故事的能力。這位老師運用故事放大了他的產品能見度，難怪每堂線上課程都滿班。說故事的能力是最不公平的能力，但我們可以透過學習說故事的技巧來成為得利者，而不要成為受害者。

其實，要想出有故事感的產品介紹並不難，只要掌握這句話：

我賣的不只是＿＿＿＿（普遍特色），還有＿＿＿＿（亮點特色），我來分享一個案例。

透過這句話引導我們思考，我們的產品除了眾人皆知的特色以外，是否還有其他獨特的賣點嗎？並且為了這個獨特的賣點，思考一個與客戶有關的真實案例。

找到獨一無二的亮點

二〇二三年十二月二十五日，在這個充滿幸福感的耶誕節，台北的文化地標、也就是二十四小時不打烊的信義誠品書店正式熄燈，這也凸顯出實體書店市場的經營不易。不過可以想見，就連全球知名的書店品牌都吹起熄燈號，許多獨立書店更是苦苦撐著。雖然各家書店紛紛經營起自己的粉專，但是開設粉專容易，要發布具有故事性、吸引網路流量點讚和分享的資訊，卻不是件容易的事。

就在二〇二三耶誕節這天，我幫一群書店的店長進行故事培訓。這些店長都身兼粉專小編，但每天發布的資訊不外乎進了哪些書、有哪些特價書、什麼時候開店與店休，粉專追蹤數和按讚數都很慘淡。究竟該如何透過故事來放大自家書店的特色，進而創造網路流量，讓更多人願意光顧書店呢？我請大家從上述這句話開始思考：「我賣的不只是＿＿＿＿（普遍特色），還有＿＿＿＿（亮點特色），我來分享一個案例。」

十分鐘後，一位店長興奮地舉手和大家分享：

我們書店賣的不只是書（普遍特色），還有汪洋中的浮木（亮點特色）。

所有人一聽都被引起了興趣，汪洋中的浮木和書很難聯想在一起，這到底是什麼意思呀？我請店長分享案例。

在某個星期二晚上大約七點多，我照例在清點書籍確認存貨，這時聽到急促的高跟鞋聲，是一位有著精緻妝容、身穿合身套裝的女性上班族。她一臉焦慮地走向烹飪料理區，隨手拿起架上的料理書籍，翻了幾頁又換另一本，似乎沒有找到令她滿意的書。我慢慢走過去問她：「有什麼需要幫忙的嗎？」她看了我一眼，嘆口氣說：「這週末要和男友家人聚餐，本來說好去餐廳吃飯，沒想到突然改成一人一道料理，但我不會做菜，所以想來找找有沒有新手也能快速做出好料理的食譜。」

我請她先不要著急，接著拿出兩本食譜書，跟她說：「這兩本對食材和廚藝的要求都很簡單，你回家照著做，絕對能做出令人眼睛一亮的好菜！」她聽完後如釋重負，帶著這兩本書歡天喜地去結帳。

至於這兩本書有沒有效呢？隔週二晚上見她牽著男友的手，喜孜孜地來到書店，然後跟男友說：「就是這位店長，上週幫了我一個大忙，沒有她推薦的料理書，我上週末可就尷尬啦。」

我們書店就是不斷提供來店客人當下最需要的一本書，所以說我們是汪洋中的浮木。

現代的人很少去書店，有疑問大多是在網路上尋找答案，但網路也有它的限制，一來資訊量太大，不一定能找到最適合自己的答案；二來只要輸入錯誤的關鍵字，通常無法找到真正需要的內容。因此真的到了無計可施的情況下，才會來到書店，找尋是否有適合自己的方法。而這位店長貼心地了解客戶的需求，並且精準地找到適合客戶情況的書籍。

事實上，每一個人一定也都能夠像這位店長一樣，為自己的產品說出精彩的故事，只要靜下心來思考「我賣的不只是＿＿＿＿（普遍特色），還有＿＿＿＿（亮點特色），我來分享一個案例」這段話。表3就是為了這段話所設計的：

表3

我賣的產品是	
普遍特色是	
亮點特色是	
我想到的故事是	

接著將店長的內容整理進去，如表3A所呈現：

表3A

我賣的產品是	書店裡的書
普遍特色是	種類繁多的書
亮點特色是	為客人的煩惱找到最適合的書
我想到的故事是	去男友家做一道菜的上班族女性故事

「居家整理師」是近年新興的行業，許多人忙於上班，沒時間整理家務，物品愈堆愈多，最後不知道該如何斷捨離。這時請居家整理師到府服務是個不錯的選擇，他們一邊整理，一邊和屋主討論物品的擺放位置可以如何配置，接下來的日子裡，屋主就能按照規畫好的位置進行擺放，使家裡不容易凌亂。

一時間，居家整理師這個新興行業蔚為風潮，許多人紛紛投入，積極上課、進行培訓、參與實習。問題來了，當你投入之後，該如何進行宣傳，讓市場知道有你這位居家整理師呢？許多居家整理師的第一步就是開設粉專、成立群組，但要分享什麼樣的內容，大眾才能對你的工作內容印象深刻，讓你在眾多競爭者中脫穎而出？我曾輔導一位新手居家整理師小穎，她是這樣介紹自己的產品（參表3B）：

表3B

我賣的產品是	居家整理師到府服務
普遍特色是	居家整理、收納的服務
亮點特色是	陪屋主找回愛自己的力量
我想到的故事是	女屋主的衣櫃故事

也就是：「我賣的不只是居家整理、收納的服務（普遍特色），還有陪屋主找回愛自己的力量（亮點特色），我來分享一個女屋主的衣櫃案例。」

有一次小穎陪著一位四十來歲的女屋主進行居家整理，發現家裡有四個衣櫃，剛好是屋主夫妻及一對兒女各自有一個衣櫃，而女屋主的衣櫃放在家裡最深的角落，離照得到陽光的窗戶最遠，也離連身鏡最遠。

在小穎和女屋主聊天的過程中發現，女屋主年輕時很喜歡對著鏡子試穿喜歡的衣服，就著陽光看鏡子裡穿上漂亮衣服的自己，曾經是她最開心的一件事。但隨著結婚生子，生活重心轉移到家人身上，日子一天天過去，孩子一天天長大，不知不覺自己的衣櫃竟被移到家裡最陰暗的角落。

那一天，小穎和其他家人溝通之後，將女屋主的衣櫃重新移到離陽光和連身鏡最近的地方。當女屋主看著自己的衣櫃和灑落的光線相互輝映時，那開心的笑容讓小穎難以忘記，也是當居家整理師最有成就感的一刻。小穎透過表3B找到自己產品的獨家特色（陪屋主找回愛自己的力量），並在每一次的居家整理過程中，將符合獨家特色的故事記錄下來，分享到個人網頁。慢慢地，愈來愈多人透過這些故事對小穎印象深刻，並找她幫忙進行居家整理。

產品特色來自對客戶的守護

你負責行銷的產品是什麼？善用表3，根據「我賣的不只是＿＿＿＿（普遍特色），還有＿＿＿＿（亮點特色），我來分享一個案例」這段話，寫下屬於自家產品的獨特之處，相信你也可以透過故事，放大產品的能見度。

表3也提醒了本書不斷強調的核心精神——「產品本身沒有故事，產品守護的人，才有故事」。不管產品的亮點特色為何，如果沒能幫到需要準備一道菜的上班族女性，如果沒能幫到衣櫃被放在家裡深處的女屋主，這些亮點特色都無法讓人記住。產品的特色正是因為曾經守護過客戶，將這些守護的歷程記錄下來並與人分享，便能讓人有感覺、有畫面，進而放大了產品特色，使人印象深刻。

我們挖掘產品普遍特色外的亮點特色，然後以亮點特色當做核心進行故事分享，但這樣還不夠，我們要尋找產品曾經幫助過、守護過客戶的經歷（有畫面、有感覺），將這個經歷透過網路個人平台、寫書、演講的機會，分享給更多人知道。當我們這樣做的時候，我們的產品就成了天空中最閃亮的那顆星。

第三部

善用時代紅利，用故事放大品牌特色

每人每天平均上網時間是七小時，
如果我們的品牌能在人們瀏覽網路時出現在他們眼中，
被看見的機會自然大大增加，
這就是必須善用的時代紅利。

根據統計，台灣約有兩千一百六十八萬人在使用網路，占全體總人口的九〇．七%，每人每天平均上網時間是七小時。有這麼多人每天花這麼多時間在網路上，如果我們的品牌能在人們瀏覽網路時出現在他們眼中，被看見的機會自然大大增加，這就是我們必須善用的時代紅利。

問題是，我們知道這件事，其他人也知道這件事，所有人都知道這件事，當大家都把品牌訊息放到網路時，又變成一個讓大家眼花撩亂的雜訊，最後變成一看到商品訊息就快速滑過的結果。該怎麼辦？

如果只是單純的品牌資訊，人們很容易看到就滑過去，但是將品牌資訊加上故事，就能輕易抓住人們的眼球。《人類大歷史》（*Sapiens: A Brief History of Humankind*）描述過一段遠古時期人類的生活樣貌，讓我印象深刻，大意是：從很久很久以前，還沒發明文字以前，到了晚上，我們的人類祖先就會圍著營火席地而坐，然後彼此分享故事，大家聽得津津有味，從故事中獲得更多對於外在環境的訊息。由此可知，看故事、聽故事是人類幾千年甚至上萬年來喜歡的接受訊息方式，因此將品牌資訊加上故事，這樣才能在幾乎全民都使用網路的時代中得到時代的紅利。

但是問題緊接而來，符合品牌的故事是什麼？我又該如何持續產出故事，持續抓住民眾的目光？而持續產出故事後，又如何讓故事發揮影響力，讓品牌真的被更多人看見？接下來，我將分享網路時代善用故事放大品牌的方法。

第8章

打造「人無我有」，顯現你的獨特性

在競爭激烈的商業世界，要生存真的需要有兩把刷子。有人認為要生存下來很容易，只要把產品賣出去，有顧客買單就行；但也有人覺得要生存下來好難，就算用盡各種方法，顧客買的是別人的產品，而不買我的！

讓顧客買單是不變的道理，但如何做到這件事，卻是所有人都想掌握的真理。產品賣得好，必須符合許多要素，像是性價比高、有口皆碑、售後服務好……等等，而我是一名故事教練，我會說：一個有故事的產品能被更多顧客看見，也能被更多顧客接受。

但要提醒的是，你的產品有故事，別人的產品也同樣有故事，說故事並不是專利。因此我們要再更進一步釐清產品的獨特性，然後為這個獨特性找到故事，當故事說完了，人們對產品的獨特性感到印象深刻時，你的產品被買單的機會就大幅提高。

什麼是獨特性？指的就是「人無我有」，即別家產品沒有的，我有！那麼該如何為獨特性找出故事呢？

冷冰冰的資訊充其量只是雜訊

澎湖有位從事觀光旅遊業者，因在二〇二三年嘗到一波國人旅遊熱潮的甜頭，賺到了錢，決定加碼投資，花了一千多萬元買了一艘遊艇，發展澎湖海上觀光，並且擴增團隊人數，希望在實體導覽、行政服務、網路行銷都能更細膩、更完整，這也讓公司的開支大幅增加。沒想到二〇二四年前往澎湖旅遊人數銳減，因為大多數人都選擇出國旅遊，這讓老闆焦急如焚，畢竟軟硬體設備才剛投資，正是需要遊客持續光顧的時候。因此，老闆找我進行一對一輔導。

我發現這家公司設有網路行銷部門，正是可以善用故事將品牌在網路上讓更多人知道的好機會。沒想到老闆說：「我們有做網路行銷呀，只是沒什麼效果！」我好奇地問他是怎麼做的。老闆說：「我請負責同仁把遊艇每天出港時間、導覽時間、導覽照片和導遊介紹都放在官網。我們每天都有更新喔，但查看網站後台數據，發現閱覽數很少，成效不彰。」

我一聽就知道問題在哪裡，這就是前面提到的，如果網路上呈現的只有冷冰冰的資訊，對消費者來說就只是雜訊而已，很容易覺得眼花撩亂，根本不會花時間多看幾眼，當然，促成下單的機會也就降低了。

於是我說：「有沒有想過每天分享一些只有你們團隊才有的故事？」老闆疑面帶惑，我繼續說：「像是遊客觀看澎湖花火節煙火的陶醉眼神，可以拍下來放到官網，配上一句話：『澎湖花火節開始了，這樣漂亮的美景，看到的人都陶醉到不行，你不來嗎？我們提供絕無僅有的角度，不用人擠人，在全澎湖最大的遊艇上享受美食、欣賞美麗的花火。』其他縣市沒有像澎湖一樣的花火節，所以只有你們能一直拍到遊客看煙火的照片，就算是澎湖的其他觀光業者也有帶遊客看煙火的行程，但只有你們是從海上看煙火，這就是一種絕無僅有。不用在陸地上人擠人，而且在海上欣賞別有一番滋味，絕對是一生難得的體驗。這樣的照片故事，你們更應該去凸顯才對。」

老闆一聽點頭如搗蒜，並舉一反三說：「原來還可以這樣呀，那只有我們擁有的故事，還包含了搭乘遊艇到最美麗的珊瑚礁海域，然後帶遊客去潛水，看澎湖最美麗的珊瑚礁，還結合了澎湖周圍小島的在地社區，進行深度導覽，讓遊客更認識澎湖在地文化和美食。我們應該放上這些照片，並且分享這些故事，這才是我們的獨特性。」

這就是「人無我有」的行銷概念，別人沒有的而我有，我的獨特性就出現了，然後才能抓住網路時代消費者的目光。

「人無我有」之後，還要「人有我細」

過了一陣子之後，老闆興奮地跟我說了一個在會員群組分享的故事：

Rebecca下班後本來和男友Tony約好去饒河夜市吃晚餐，沒想到Tony只問她有沒有帶身分證，然後機車一騎就來到松山機場，在Rebecca還沒搞清楚狀況時，已經搭上前往澎湖的飛機。

Tony跟她說，今天要在澎湖一邊看花火節的美麗煙火、一邊吃晚餐。本來Rebecca已經覺得很浪漫，沒想到更浪漫的在後頭。原來早已論及婚嫁的兩人，因為工作繁忙一直沒有進展到下一步，就在今天，Tony在滿天花火下，拿出美麗的鑽戒向Rebecca求婚了。

這畫面真是太美了，澎湖就是一個說走就走的浪漫之地。

美麗的故事搭配Tony單膝下跪的求婚照片，瞬間在群組上獲得大量的關注。老闆說已接獲超多人預訂來年夏天的觀光行程。這印證了只要掌握到「人無我有」，你在網路上分享的訊息就會具有獨特性，然後就會開始抓住廣大消費者的注意力。

而「人無我有」是第一步，下一步就是「人有我細」，也就是把細節寫出來。本來Rebecca以為只是在饒河夜市吃晚餐，卻變成在煙火下求婚的浪漫橋段，這段過程一定是透過訪問當事人才能得到的細節，如果老闆沒有意識到這點，或許這難得的故事就會這樣從手中溜走。

所以我們要保持敏銳度，對於別人「無」而我們「有」的東西，尤其要保持高度觀察力。以前面的例子來說，當遊客在進行花火節、珊瑚礁、浮潛、社區導覽等行程時，若發生了特別的情況，可以隨時拍照、進行訪問，說不定好故事就出現了。

我們可以將在網路上寫出吸睛故事、放大品牌效力的方法，整理成表4：

表4

我的角色是	
人無我有的是	
人有我細的是	

接著將澎湖業者案例套用進去，整理如表４Ａ：

表４Ａ

我的角色是	澎湖在地觀光導覽團隊
人無我有的是	一艘千萬級遊艇、海上看花火節、潛水看珊瑚礁美景、澎湖小島在地社區深度導覽
人有我細的是	Tony向Rebecca求婚的故事（持續細心觀察和訪問遊客）

個人工作者更要善用網路放大自己

如果你是個人工作者，就更應該掌握在網路放大自己品牌的方法，因為個人的資源有限，但是運用獨特性的故事，便能幫助你創造出無限的可能。

我長期追蹤一位個人工作者，他是溜溜球達人楊元慶，他的臉書「楊元慶無法取代的溜溜球」是我每天必追的粉專。他是一位街頭藝人，每天在不同地點表演，透過在臉書發文，希望吸引更多粉絲到他表演的地方支持他。最讓我佩服的是，楊元慶不僅做到每天發文，而且每篇文章都有上千個讚，甚至破萬個讚，可說是非常吸引網友的目光。

他是如何做到的？我將他的網路發文優勢整理如表4B：

表4B

我的角色是	專精溜溜球的街頭藝人
人無我有的是	每天在全台灣不同地點進行溜溜球街頭表演
人有我細的是	在街頭表演時，與聽眾、主辦單位發生的各個小故事，只要把細節說清楚，一定很有畫面和溫度

有一篇貼文令我印象很深刻。有一次楊元慶到兒童新樂園表演，到了現場

才發現他的表演場地旁邊有手作課程，如果他開始表演，音樂就會影響到手作課程的教學。事實上，手作課程的場地規畫也縮小了溜溜球的表演空間，這是一個雙輸的局面。當他覺得很沮喪、不知道下一步該怎麼做時，一位等著看表演的小女孩送給他一張生日卡片，原來小女孩一家人是楊元慶的粉絲，知道今天是他生日，特地來看表演，並送上卡片祝福。

當天晚上回到家後，楊元慶就以兒童新樂園為背景，手上拿著生日快樂的紙條，描述了發生的狀況，並且感謝粉絲給他的溫暖。這又是一則按讚破千的文章。

每天在不同的場地表演，這是身為街頭藝人獨有的經驗，而楊元慶把握了這個發文方向，並且用心記錄和粉絲、來賓、主辦單位互動的細節，於是每天發文的素材就能源源不絕，而且每篇文章都很有溫度，總能抓住網民的眼球。

看到這邊，你也可以照著表4的提問，給自己進行一次網路發文優勢的分析，找到適合自己的發文方向，以及源源不絕又有溫度的素材。

最後，以我為例，我是位每天南來北往、在不同單位授課的講師，我的發文優勢呈現如表4C：

表4C

我的角色是	全台灣四處授課的講師
人無我有的是	到各個不同單位演講、上課
人有我細的是	在交通往返、與主辦單位溝通、學員互動、授課時發生的各種趣事或感動的事

透過整理，我的網路發文就有了明確的方向，每天可以更明確地蒐集內容的線索。以我到新北市某國中演講為例，當日演講結束後，一位國中生脫口而

出一句：「老師你的演講像演唱會一樣精彩，你是我的周杰倫！」哇！我作夢都沒想過有人會對我說這句話，但如果我只是笑笑地道謝，這個美好的發文素材就會從我手中溜走。於是我當下開玩笑地回他：「你有想過周杰倫聽到的心情嗎？」現場師生聽到都哈哈笑了出來。當天晚上，我就以學生的這句話為核心發了一篇文：

周杰倫聽到會難過！
今天演講結束，學生跑過來大聲說：
老師，你是我的周杰倫！
我開玩笑的回他：你有想過周杰倫聽到的心情嗎？
哈哈，學生說我的演講好像周杰倫演唱會一樣的精彩！
一個國中生竟然知道周杰倫演唱會很精彩，周杰倫真的很厲害
其實，我每場講座，都很用心講，只要學生願意用心聽，效果就會很好，
就像今天這場一樣

下課後，竟然一堆學生跑來找我握手，要我簽名，真是笑的我合不攏嘴，哈哈哈！

感謝老師，拍下這珍貴的照片

節錄自「注意力設計師―曾培祐」臉書粉絲團

文章一發布，在粉絲團造成不小的迴響。重點是，透過每日的分享，持續讓更多人認識我，知道我有接演講，便繼續邀約我去演講，這也是我擔任講師十年來，每年都能有穩定演講、課程邀約數量、創造穩定收入的關鍵。所以，你也可以善用表4，為自己鎖定源源不絕的發文線索，這對經營公司品牌或個人品牌都是非常重要的事情。

第9章

拋開流水帳，尋找日常故事有訣竅

《給兒子的18堂商業思維課》一書提到，身為創業者，一定要和「數字」當朋友，要學會看報表，更要明白報表裡的數字變化代表什麼意思；試想一下，在網路時代要用故事放大品牌，我們要和什麼當朋友呢？我的答案是「發文頻率」。如果你有留意，追蹤人數破萬人、甚至破十萬人以上的粉專幾乎每天都會發文，而且發文內容都非常生活化。換句話說，他們每天會從生活中尋找源源不絕的故事素材，維持高頻率的發文，讓粉絲習慣在生活中有這些品牌的陪伴。

這樣的挑戰在於，如果要維持每天發文的頻率，該如何從生活中找到有趣的素材？總不能都寫生活的流水帳，那太無聊了，絕對沒人想看。

有趣素材來自意料之內與意料之外

從生活中找到有趣素材的關鍵，就是蒐集意料之外的話語或意料之外的行為。與人互動時，有些人說的話、做的事很有可能讓我們感到驚訝或眼睛一亮，而通常將此一生活事件分享到粉專，往往也會讓網友眼睛一亮，產生不錯的流量。

舉例來說，一般人吃一個便當平均花多久時間呢？大概十五至二十分鐘，對吧（這就是意料之內）？但是身為講師，每天南來北往，一堂課程結束就得開車趕往下一個上課地點，吃便當的時間常常就是等紅綠燈的時間，而我吃一個便當最快的紀錄是九十秒，剛好是一個紅燈的時間，連主菜、三個配菜和飯全部吃光光（這就是意料之外）。當然因為吃太快了，常常導致胃抽筋，但為了準時趕到上課地點，這也是沒辦法的事情。可以想見，當我把這段生活日常分享到粉專後，得到許多網友驚嘆號的表情，也讓更多人對於我是講師身分的印象更加深刻。

從上述案例可以發現，生活中的意料之外並不難發現，只要聽到或遇到的事與自己原本的意料之內不同，原則上就是一個很棒的素材。

再舉個例子。有一次我搭乘第一班高鐵從台中前往高雄上課，一上車坐定後，發現隔壁坐了一位身材消瘦的小姐，但是她的桌上放了超過十樣食物，包括三角飯糰三個、草莓蛋糕兩個、肉包兩個、大亨堡兩個、香蕉兩根和烤番薯三個，這不要說是早餐了，就連一般人的三餐可能都沒有吃這麼多。在前往高雄的車程中，這位小姐就默默地一直吃著，我簡直佩服得五體投地。我的體重超過一百二十公斤，本身食量也不少，但我自忖沒辦法在一餐之內吃下那麼多的食物。

經過台南之後，這位小姐已經吃光所有食物，優雅地將食物包裝整理好拿去丟。我按耐不住內心的好奇，終於開口問她：「我剛剛看到您吃了超過十樣食物，真的好厲害，您每一餐的食量都那麼大嗎？」

這位小姐害羞地說：「我的目標是成為大胃王YouTuber，下個月就要跟經紀公司簽約，要開始固定拍片，現在正在密集自我訓練中。」

我忍不住驚訝，繼續問她：「您剛剛吃了那麼多不會太飽嗎？會不會不舒服？」

她說：「不會喔，其實很多大胃王的胃天生都比一般人大，像我的胃就是，加上要掌握吃東西的訣竅，一小口一小口地吃，但咀嚼速度要加快，這樣參加大胃王比賽獲勝的機率就會增加。」

沒想到我竟然有幸坐在大胃王明日之星旁邊，還親眼目睹了訓練過程，在短時間內把別人好幾餐的份量一掃而空真的很震撼。這樣一篇貼文在粉專引起了不小的迴響，因為很生活又有意料之外的驚喜感，即便在大量訊息流動的網路世界，依然能抓住許多人的眼球。

從上述例子可以發現，除了掌握「意料之內」，也要發現「意料之外」，因為故事的發生不只在自己身上，也有可能在他人身上。根據尋找日常故事的記錄，我設計了表5：

表5

尋找日常故事	自己	他人
意料之內		
意料之外		

套用上述兩個例子，呈現如表5A和表5B：

表5A

尋找日常故事	自己	他人
意料之內	吃一個便當十五至二十分鐘	
意料之外	吃一個便當九十秒	

表5B

尋找日常故事	自己	他人
意料之內		早餐吃一個御飯糰
意料之外		早餐吃了十個以上的品項

生活處處有驚喜

我們要成為自己生活的觀察家、記錄者，生活中發現意料之外的事件就記錄下來，然後從意料之外的角度觀察，你會發現生活處處有驚喜。就好比我寫著這段文字時，身邊就發生了一件令我哭笑不得的意外之事，於是我立刻寫了個小故事，分享在社群平台上：

Mico（我太太）正在幫我製作新線上課程DM。做完後，她一直覺得不夠好，但是左改右改都不滿意，最後她找樂樂（我兒子，正就讀小學一年級）來幫忙給意見。

樂樂一來就說：「爸爸DM上這套衣服不好看。」

Mico說：「這套衣服沒辦法改。」

樂樂再說：「爸爸的微笑怪怪的。」

Mico說：「爸爸的微笑沒辦法改。」

樂樂又說：「爸爸的臉怪怪的。」

Mico恍然大悟：「你是說爸爸不適合出現在這張DM上嗎？」

我聽到這，終於忍不住說：「兒子，如果我不出現在DM上，那這張DM根本就沒有存在的必要！別瞎給意見，還是去房間睡覺吧你……」

就這樣，一則生活中的小故事如果沒有特別提醒自己要記錄下來，可能日子一天天過去也就忘了。但我感受到了這段經歷的意外感，將它分享到社群平台上，並配上一張DM照片，結果這個故事的瀏覽量很高，重點是，詢問我新課程的開課訊息也很多。

再來看一個成功的例子。

許多學校老師都會開設自己的粉專，分享在校與同事、學生及學生家長互動的點點滴滴，有些老師會保持頻繁地更新文章，有些老師則是一開始有分享，後來就不了了之。每個人的工作都很忙碌，下班後還有家庭要顧，一天忙完之後還要思考粉專內容，常常覺得有心無力，最後乾脆不想面對，等一回神，才發現自己的粉專已經好一段日子沒有動靜，一開始累積的粉絲追蹤數也早已不知去向。這時就可以善用表5，從日常生活中記錄有趣的故事素材，讓自己的粉專每天都能分享一個輕鬆又有趣的故事。

有位國小安親班老師在二〇二四年開始成立粉專，短短六個月的時間，追蹤數就破一萬人，而她就是善用我與她分享的表5，每天都找到和學生、家長互動的意料之外故事進行發文，成功吸引了許多家長的目光。

列舉這位老師的其中一篇發文：

前幾天聽到一件好氣又心疼的事，小潔（化名）今年剛升上小一，媽媽週一到週五在新竹科學園區上班，只有週末會回家和小潔團聚，平時都是小潔的爸爸在照顧。小潔的爸爸非常細心，我每天看著潔爸送小潔來安親班，父女倆的互動讓人覺得很溫馨。

隨著一年級第一次段考到來，細心的潔爸開始感到緊張，他希望小潔能夠在第一次大考取得好成績。因此除了老師給出的回家作業，自己還去買了考卷給小潔回家寫，並叫小潔去問老師第一次段考每一科的考試範圍。

距離第一次段考愈來愈近，潔爸每天幫小潔複習功課的時間愈來愈長，甚至讓小潔壓力大到哭了。一年級第一次段考的考試範圍在哪裡一直沒下文，最後潔爸忍不住自己傳Line問導師，得到的回覆是：「一年級上學期第一次段考沒有考試，主要是讓孩子多適應學校生活。」潔爸一聽整個傻眼，不禁覺得自己這一兩週每天晚上逼那麼緊算什麼，而且「孩子第一次讀國小，我根本不知道原來小一第一次段考是不考試的，導師怎麼不提醒通知一下！」

我身為安親班老師，聽到潔爸跟我說這件事，我一方面很心疼小潔這一兩週一定壓力很大，想必潔爸也覺得很焦慮；一方面也很自責，或許我們當安親班老師或學校導師當久了，有些事情已經覺得理所當然，我們都忘了有些新手爸媽真的不知道這些資訊。這提醒了我要製作一張新手爸媽一定要知道的十件事，我晚點傳給大家，有需要的請留言加一。

猜猜看有多少新手家長留言？超過五百人！你就知道這則發文的擴散性有多強大，難怪這位老師能在短時間內累積超過一萬名的追蹤數。

同樣地運用表5，此案例呈現如下頁表5C。

我們每天都要和許多不同的人互動，留心這些互動中意料之外的話語和行為，都有可能成為我們源源不絕的故事素材，而且這些故事都會很有感染力，絕對有機會抓住粉絲的眼球，達到宣傳效果。

表5C

尋找日常故事	自己	他人
意料之內		爸爸以為第一次段考要考試
意料之外		小學一年級第一次段考不用考試

從現在開始，不妨好好留心周遭，啟動你的「意料之外雷達」，相信每天都能為自己的粉專創造令人眼睛一亮的「新鮮事」。

第10章

打造共鳴，讓關鍵時刻發揮影響力

蘋果（Apple）創辦人史蒂夫·賈伯斯（Steve Jobs, 1955-2011）為人津津樂道的傳奇故事很多，我印象最深刻的是他大學休學時並未因此荒廢度日，而是旁聽了和原本專業完全無關的書法課。許多人都很好奇既然休學了，人生的下一步都不知道在哪裡，為什麼還去旁聽書法課，生命真的有那麼多時間可以揮霍嗎？但賈伯斯認為，只要是有興趣的事物，都值得花時間探索和研究。

後來，賈伯斯創立了蘋果電腦，所用的字型非常優美，深受使用者喜愛，相傳就是他當年上書法課時受到啟發所學習到的字體。相信賈伯斯的每一個粉絲或讀自傳的讀者一定都對這段故事印象深刻，這是他在低潮時刻的故事；每個人在其關鍵時刻的故事，總是能讓聽者印象深刻。

掌握「關鍵時刻」，故事更有共鳴

所謂的關鍵時刻有三個，分別是「低潮時刻」、「堅持時刻」和「逆境時刻」。在低潮時刻的故事，我們分享如何保持希望，克服低潮帶來的沮喪；在堅持時刻的故事，我們分享當別人都想放棄時，自己是如何堅持下去的方法和心法；而透過逆境時刻的故事，我們分享如何努力奮鬥，創造逆轉勝的光輝時刻。關鍵時刻的記錄如下頁表6。

以我自己為例，在我十多年的講師生涯中，剛轉職當講師的頭兩年沒有名氣，每天努力在網路上分享自己的觀點，但因為處於累積階段，曾經長達一個月沒有任何演講邀約，甚至讓我懷疑是不是電話壞了。一直沒有演講邀約，我的房租就會付不出來，該怎麼辦？

表6

角色	低潮時刻	堅持時刻	逆境時刻

那時我的書桌在窗邊，每天看著白雲飄來又飄去，內心也跟著雲朵飄來飄去。在這低潮想放棄的時刻，我告訴自己，講師這條路是我選的，我喜歡站上講台，尤其當聽眾眼神閃閃發光時，會讓我覺得很有成就感，所以我絕不能被一時的低潮打倒。

一個轉念後，我意識到應該把握這段難得的空檔時間，多報名一些課程進修，然後多拿一些證照、多參加一些比賽，好讓更多人認識我。因此，雖然有兩個月都沒賺錢，照理要節省開支，我反其道而行，把之前上班存下的三十萬元全拿出來報名證照課程，參加許多講師比賽。經過近一年的學習，我拿到多張重要的證照，也在許多講師比賽中得獎。慢慢地有愈來愈多人認識我，演講邀約也開始變多，一路走到今天，擔任講師已經超過十年。

這就是我低潮時刻的故事。其實，每個人都有低潮的時候，關鍵在於如何保持希望，克服低潮帶來的沮喪，這樣的故事才能讓人看完之後，產生有為者亦若是的共鳴，進而對你產生認同感。

話說成功從來都不容易，而要持續成功更是難得。我很幸運，這十多年的講師生涯都還算順利，撐起一個美滿的家庭。很多人問我是怎麼做到的，我想關鍵就是持續進步，不要被時代淘汰。我每天早上六點起床，閱讀一小時，這個習慣持續多年，就算是過年過節、和家人度假時也不曾中斷，即使碰到霸王級寒流來襲，當大家都窩在被窩裡睡覺，我依舊早上六點起床閱讀，多年來如一日。透過閱讀，我持續吸收新知，這對講師非常重要，對於更新自己的課程內容起了非常大的幫助，也直接影響了學員對課程的滿意度，而這是我會不會有下次上課機會的重要決定因子。因此，能夠持續每天早上一小時的閱讀，就是貴在堅持。

這是我堅持時刻的故事，當別人因為種種原因（天氣太冷、工作太累、旅遊太麻煩……）而放棄，而你始終堅持，這通常就是一個會讓人產生共鳴的好故事，讓你的角色更有立體感。

回想起我人生的第一場企業授課，可說是驚濤駭浪。週一到週五每天下午一點到四點上課，北、中、南營業所的業務員分批調到台北總部聽課。第一天的學員是北北基地區的業務員，他們白天在外面跑業務，下午來聽課，因為椅子很舒服，又有冷氣吹，結果我講不到五分鐘，就聽到有人發出如雷鼾聲。我本來就很緊張了，此時聽到那麼大的打呼聲，更是緊張到腦袋一片空白，然後身體開始不自覺地左右晃動，但我自己沒有意識到。

就這樣晃了將近三個小時，好不容易課程結束了，學員們紛紛離開，這時跟課的管顧公司經理跟我說：「培祐老師，你剛剛是在上課嗎？」我一聽就知道事情不妙，但還是硬著頭皮說「是啊」。經理說：「這樣叫上課？你晃了三個小時耶，我還以為我在坐海盜船！我已經找好星期三以後的講師了，如果你明天還是這樣三個小時左搖右晃，週三就不用來了，我們直接換人。」那時候我非常菜，面對經理的來勢洶洶，我只能點頭稱是，趕緊收拾器材，回家苦思如何改善。

我一回家就開始修改上課內容，調整完畢後發現已經凌晨四點，也就是我有將近八個小時沒有離開書桌，而再過不久就要第二次上場，這次再表現不好就沒有下一次的機會。問題是，我把內容調整得更動態了，應該能讓忙了一早上的業務員不會那麼容易睡著，但是一緊張就會不自主晃動，該怎麼辦？我根本沒注意到自己的身體在晃動呀，那要怎麼提醒自己？我苦思許久，忽然靈光一閃：那我就刻意讓自己意識到就好啦！看著桌上的圖釘，如果我把圖釘放在皮鞋裡，讓尖的那端朝上，我只要一晃動腳就會踩下去，圖釘便刺進去，這個痛覺就會提醒我不要晃動。時間有限，也別無他法，我把六根圖釘放在西裝口袋，當天下午到了上課現場，我把圖釘放進皮鞋，兩腳各三根，稍稍踮個腳尖就上台了。

因為大幅度調整過內容，所以第二天沒有出現業務員一開始就睡著的情況。但上課到快三點時，我又聽到打呼聲了，然後我又開始緊張了，身體不自覺地跟著晃動。就在我身體要晃動時，忽然腳底傳來劇痛，沒錯，右腳的三根圖釘已經刺進我的腳底板，一瞬間痛到冷汗直流，但也因此身體沒在晃動。接著我就好好地站著講課到四點。下課後，經理走過來說：「培祐老師，你可以的嘛，今天就沒晃動了呀，內容也比昨天扎實豐富很多，很讚。那明天繼續，我們明天見！」說完經理就離開了。

我把左腳的圖釘拿出來，拖著右腳慢慢地去收拾器材設備，然後騎機車去醫院，請醫生把圖釘拔出來，然後打了破傷風針並包紮起來。接下來三天，我的腳一碰到地就會痛，但上課時可以直挺挺地站著，就算緊張也不晃動了。

隨著上課經驗的增長，我現在當然已經不會不自覺地晃動，但是翻開腳底板，仔細看還是能看見當年圖釘的痕跡，這也提醒我，講師這條路一路走來不容易，能走到今天真的要非常珍惜。

這是一個逆轉勝的故事，關鍵就是面對逆境不放棄，努力奮鬥，最後創造逆轉勝。這樣的故事最能激勵人心，也能讓人印象深刻。

每個關鍵時刻的故事不只一個

接著就利用表6，將上述三個故事整理如下頁表6A。

這三個關鍵時刻的故事我都曾在自己的粉專分享過，也獲得不錯的迴響。

要提醒的是，每一個時刻絕對不只有一個故事，身為講師，我在低潮時刻有好

表6A

角色	每天在不同單位授課的講師
低潮時刻	講師生涯剛開始，沒人邀約的時刻
堅持時刻	不分寒暑，不論平日假日，每天晨讀六十分鐘的時刻
逆境時刻	第一次進行企業授課，因為太緊張而全身晃動的時刻

多個故事，在逆境時刻當然也有好多個故事，這些都是我們能夠在網路上分享的絕佳素材。透過這些關鍵時刻的分享，你的角色會變得更有溫度，也會讓人印象更深刻、更認識你。

當然，在角色部分除了講師之外，我還有父親的角色、丈夫的角色、兒子的角色、說故事志工的角色，這些也都有各自的關鍵時刻，只要運用表6，都可以找出一個又一個精彩的故事。接著善用網路這個時代的紅利，將這些故事透過網路分享，便能更加立體化你的角色，讓你的品牌更有溫度。

每個人的生活都有高潮也有低潮，有堅持也有放棄，有順境也有逆境，我們做任何選擇一定都有理由，或者都有不得已的苦衷，而這些都是動人的時刻。生活就是要不斷地向前進，但是前進過程中看見精彩風景時，不妨稍微暫停，將其記錄下來，假以時日回頭再看，這些記錄的風景都會是最美好的故事。而這些美好的故事不只是日後與家人分享的談資而已，更是網路時代能讓更多人看見你、認識你的絕佳珍寶。

第四部

說道理容易被忽略，透過故事放大道理

傳遞硬道理時如果只是單純地述說，
難免會讓聽者覺得是在碎碎念，
若善用故事來包裝我們想傳遞的硬道理，
就能讓這番道理在聽者的大腦裡放大，達到最佳傳遞效果。

我曾受邀到某所高中對籃球校隊同學進行演講，起源是這樣的：教練說，球員們在球季的表現不錯，但彼此就是不會互相讚美與肯定，還常常抱怨與指責，所以團隊氣氛很糟糕，一點向心力都沒有，擔心沒辦法打出好成績，因此希望我去和球員們聊聊，讓他們意識到肯定隊友、讚美隊友的重要性。但這不是單純講道理就能馬上讓他們認同，如果這樣是有用的，教練應該早就說過了，也不用找我去演講。

那天我一到教室，就問這群籃球員：「你們覺得說話時，讚美別人比較有力量，還是責備別人比較有力量？」大家竟然異口同聲說：「當然是責備別人比較有力量。」我猜想，這可能與他們從小養成的環境有關，因為教練嚴厲的指導和責備，讓他們一路成為今天的樣子，理所當然認為責備別人比較有力量。因此要在短時間內，讓他們意識到讚美別人其實比責備別人更有力量，其實並不容易。

正當我思考如何引導他們時，〈狐狸與烏鴉〉（The Fox and the Crow）這個故事忽然就跑進了我的大腦，於是我慢慢地說起這個寓言故事：

有隻烏鴉從房子裡叼出一塊乳酪，剛好被路過的狐狸看到。狡詐的狐狸想著如何得到乳酪，沉思了一會兒，牠計上心頭，笑嘻嘻地對烏鴉說：「哇，烏鴉，你的翅膀真漂亮，你真是我看過全世界翅膀最漂亮的鳥兒呀。」

烏鴉一聽可高興了，嘴上雖然叼著乳酪，還是奮力展著雙翅，讓狐狸看看自己的翅膀。

緊接著狐狸又說：「看看你的羽毛，在太陽照射下閃閃發亮，真是好漂亮。」烏鴉一聽，高興地不停在狐狸面前展示自己的羽毛。狐狸見時機成熟，繼續說道：「我聽說烏鴉的歌喉最棒了，唱功一流，今天難得在這遇見你，不知道有沒有機會聽你高歌一曲？如果可以聽到就太好啦。」

烏鴉一聽到狐狸的請求，沒有絲毫猶豫，張口就開始唱起歌。但一張口，乳酪就從嘴裡掉到地上。狐狸見機不可失，立刻衝去把乳酪叼走。烏鴉難得到手的乳酪，一轉眼就這樣被狐狸奪走了。

我問他們：「狐狸是如何得到乳酪的？靠責備烏鴉還是讚美烏鴉？」透過

有畫面的故事，球員們馬上意識到狐狸是透過讚美而讓烏鴉願意聽從指令，原來讚美如此有力量。

有了這個寓言故事當媒介，球員們對於讚美、肯定別人的接受度大大提升。緊接著，我帶著大家一起練習看見隊友的優點和努力，並且練習如何適當進行肯定和讚美。整個過程非常順利，教練也非常滿意演講後的結果。

當我們要傳遞硬道理時，如果只是單純地述說，難免會讓聽者覺得是在碎碎念，最後變成沒耐心繼續聽下去。這時候若善用故事來包裝我們想傳遞的硬道理，就能讓這番道理在聽者的大腦裡放大，達到最佳傳遞效果。

雖然用故事包裝硬道理聽起來很美好，問題是，哪來那麼多故事可以包裝自己想傳遞的道理？其實我們不用自己想故事，很多包裝道理的故事都充斥在我們生活中，例如作者寫書都是想要傳遞某些道理，而他本身也是透過精彩的故事，將書裡想傳遞的道理放大到讀者腦中。因此，讀了書後並將故事借出來用，就是個非常棒的方法。

第四部將分享各種從生活中的眾多媒材借故事的好方法。

第11章

八分鐘的威力，從書中挖掘故事寶藏

「一本書不要看超過八分鐘，要在八分鐘內翻完一本書！」這是我的高中老師為了鼓勵我們去圖書館閱讀而想出來的奇妙方法。其他老師都說閱讀不要少於三十分鐘，這位老師卻說不要超過八分鐘，而我是在多年後才明白他的苦心。

面對我們這群看到書就煩、沒耐心閱讀的高中生，如果要我們乖乖看書三十分鐘，那一定是隨便亂翻，甚至連看都不看就敷衍了事。於是他反其道而行，要我們每本書只能看八分鐘。為什麼是八分鐘？老師要求我們，週一到週五至少選一個十分鐘的下課時間到圖書館翻一本書，走到圖書館一分鐘，走回教室一分鐘，中間就剩下八分鐘，剛好可以翻一本書。

看到這裡，很多人會認為，八分鐘能看到什麼重點？應該也是隨便翻翻。為了避免發生這種情況，老師特別提醒：「你們就快速閱讀，一行一行快速掃過，只要是說道理的地方就跳過，反正你們本來也不想看。但若發現這是書裡的案例、書裡的故事，就停下來仔細閱讀。如果讀完後對你很有感且有啟發，就把故事寫在筆記本，那麼這本書就算有收穫了，就可以把書放回書架上。」

不要小看一週十分鐘的累積，高中三年下來，我透過這個方法蒐集到非常多的故事，也注意到一本暢銷書裡故事和道理的比例，幾乎會來到一比一，這樣讀者才容易閱讀，才能賣出好成績。而我也就在這個時期，領會到故事的力量，厲害的作者都會在書裡放入大量的故事，以包裝他想傳遞的重點。

我非常感謝這位高中老師，因為高中三年從書中累積的故事，對我接下來的生活產生非常大的幫助，當我成為講師、父親和團隊領導者，需要將想法傳遞給學員、兒子和團隊夥伴時，有時候純講述會讓他們覺得是在碎碎念，難免左耳進右耳出，造成無效溝通；此時善用從書中累積的無數故事，透過故事來包裝想傳遞的想法，發現對方的接受度大為提高，這也讓我在溝通上更順利。

一個故事救了兒子的低潮

兒子非常喜歡數學，每次我開車載著他時，他最喜歡玩的遊戲就是出數學計算題考我，看我多久能算出答案，上學時也是花非常多的心力在數學上。但有一次段考，他的數學成績不理想，這讓他慌了手腳，明明是自己最喜歡的科目，卻是所有科目裡分數最低的。自從考試成績公布後，他更加努力算數學，幾乎每天晚上都和數學黏在一起，可見他對數學分數的得失心很重，看在我的眼裡，真不知道應該開心還是擔心。

果然到了期末考，儘管做了那麼多的努力，數學成績依然不理想，可能是某些數學觀念沒搞懂，導致寫錯答案，這讓他非常沮喪。學期結束放寒假時，他對自己的數學能力產生懷疑，開始產生放棄數學的心態，長達好幾週都不願意碰數學，就連原本自己報名參加的數學冬令營，也在出發前兩天跟我說身體不舒服而不想參加。我知道他沒有身體不舒服，是心裡不舒服。

我很想跟他說，人生不如意事十常八九，這次考試不理想，下次再努力就好，但對於正陷入情緒低潮的他，根本聽不進去這樣的道理。於是，我開始思考有哪個曾在書裡看過的故事可以和兒子分享，藉以放大「不要太在意一次兩次的失敗，調整好自己的步伐繼續前進才是關鍵」這個觀念，並讓他打從心裡接受。此時我腦中冒出一個大學時期曾讀過的馬拉松故事，然後說給兒子聽：

美國有一位特種部隊軍人，他不是普通的軍人，因為美國軍隊最艱難的四項挑戰他全都通過了，這是非常不容易的，所以他對自己的體能、意志力、挑戰困難的能力都非常有自信。

有一天他放假，剛好聽說有一個二十四小時跑一百公里的馬拉松比賽。一百公里有多遠呢？大概是從台北跑到新竹的距離。這對一般人來說是個非常不容易的挑戰，但這位軍人覺得並沒有太困難，便報名參加。

比賽當天，他和妻子兩人一抵達比賽會場，他嚇了一大跳，因為其他參賽者全都是將近十人的團隊一起參加，準備了好多比賽的裝備，只有他是和妻子兩人前來，而且僅準備簡單的補給品和裝備。但是他很有自信地心想：「我可是通過美國軍人最艱難的四項挑戰的高手，一定沒問題的。」

槍響之後，比賽開始了，這位軍人真的很厲害，裝備是全場最簡單的，但依然跑得很順利，甚至比許多隊伍都來得順利。但就在他跑了二十一個小時，剩下最後五公里，體力真的快要到達極限時，他犯了一個致命錯誤：他停下腳步，想讓自己休息一下。要知道，他本來就沒有準備太多裝備和補給品，連續跑了二十一個小時，肌肉已經處於極度疲憊和痠痛，如果不停下來、堅持慢慢地跑，還有機會順利完賽。結果他一停下腳步，全身肌肉一放鬆，二十一小時所累積的疲勞瞬間爆發，全身肌肉開始抽筋，讓他連站都站不住。他倒在地上全身抽搐，更尷尬的是，他已經控制不住全身肌肉，所以屎尿都流了出來。

現場非常混亂，任誰都會覺得這位強壯的軍人應該沒辦法在最後三小時跑到終點。但是面對如此糟糕的狀況，他放棄了嗎？沒有。接下來他做的事讓我們明白，所謂的強壯指的不只是身體強壯，還包含了心理素質的強壯。他腦子裡想的不是放棄、不是逃避，而是自己第一步可以做什麼；他想的不是終點線，因為那離他太遙遠，他想的是此刻能做什麼，好擺脫這個低潮情況。

於是，他想到的第一步就是讓自己的身體停止抽搐，要不然他就沒辦法站起來前進。所以即使全身不自主地抽搐著，他還是請妻子幫他拿來了水和香蕉，直接往嘴裡送，讓肌肉得到養分，能夠減緩抽搐的症狀。這一招奏效了，等了一陣子之後，肌肉緩和下來。

接著他想的第二步就是要想辦法站起來，因為一直倒著就沒辦法前進。他慢慢地重新控制全身肌肉，讓自己站了起來。當他站起來時，全場給他的熱情掌聲彷彿他已經跑到終點線。

緊接著，他的第三步就是找一套乾淨衣服，畢竟身上都是自己的屎和尿。他一步一步地走向廁所，艱難地擦拭自己的身體，然後換了一套乾淨衣服，這讓他瞬間感到更舒服了。

他又繼續想著第四步要做什麼。他想到要開始小跑步，跑再慢都沒關係，重點是要讓全身肌肉再次習慣跑步的節奏。於是一個一小時前還倒在地上抽搐的人，現在已經開始很慢很慢地跑起來，這真是堅強的意志力！

就這樣在最後兩小時，他慢慢地加速，跑完最後五公里，最終在二十四小時內跑完一百公里的馬拉松。當他倒在地上抽搐的那一刻，沒人認為他可以完成比賽，然而他終究完成了！

故事說完了，我問兒子覺得這位軍人能夠完成比賽的關鍵是什麼。兒子聽故事聽得很入迷（這就是說故事的魔力），他想了想說：「因為他的意志力很堅強。」

我說：「沒錯。但除了意志力很堅強之外，他實際上做了哪些事讓自己最後完成了比賽？」

兒子想了想說：「當他遇到低潮時，他沒有想著最後的終點，因為想著終點會更沮喪；他把所有注意力放在第一步可以做什麼、下一步可以做什麼，專注做好當下的每一步，反而讓他最後有機會跑到終點。」

看著兒子掌握到我想傳遞的想法，我知道機不可失，繼續問他：「爸爸知道你最近數學考試考不好很難過，現在的你就像這位渾身抽搐的軍人。但是我們不要想著自己到底適不適合數學，這還太遙遠，我們要學學這位軍人，問問自己：『面對現在數學考不好的情況，我們第一步可以做什麼？』」看著兒子若有所思的表情，我知道這個故事的功效達成了，我已經把想傳遞的想法放大到兒子的腦中。

當天晚上，兒子關在書房一整晚都沒出來。隔天吃早餐時，他神情愉悅地說：「爸爸，我昨天一直在思考第一步要做什麼，我想到我應該把考卷拿出來，徹底搞懂寫錯的那幾題到底為什麼會錯。經過一個晚上的研究，我發現原來是有些觀念搞錯了，當我把觀念搞懂後，現在這些題目我都會了，再也不會困擾我。專注在現在的每一步，真的是對抗挫折和低潮的好方法耶。」我真心為他感到開心，因為他再次擁抱了喜歡的數學，當然，隔天的數學冬令營，他也抱持著愉快雀躍的心情去參加。

感謝故事再次將我想傳遞的想法，放大到了兒子腦中，如果沒有故事，兒子一定覺得我在碎碎念，說不定現在已經和數學形同陌路。更關鍵的是，這些故事充滿在各種書籍之中，我們不用讀完整本書，只要花八分鐘的時間快速翻閱，看到有故事、有案例的地方就停下來仔細閱讀，如果這個故事對自己有啟發就記下來，如此就得到一個好故事了。我的筆記本裡記錄著許多精彩的故事，雖然沒有印象出自哪些書，但因為這些故事，讓我在溝通時更加順利。

用故事爲溝通會議提供助力

故事放大除了用在和家人的溝通，與團隊夥伴溝通也起到了很棒的作用。有一次我和一個行銷團隊合作，該團隊要幫我行銷線上課程，一開始他們透過臉書進行行銷宣傳的方式取得不錯的迴響，許多目標受眾報名了我的線上課程，我很滿意這樣的成果，因此下一季繼續合作。這次他們追加了許多預算，進行更多元的行銷手法，但一波波操作後，效果反而沒有第一季好。行銷團隊百思不得其解，認為是因為現在競爭太激烈、太多人開設線上課程之故，於是要求繼續投入更多的行銷預算，他們要做更大、更多元的宣傳。

然而看著第一季和第二季差異明顯的績效對比，我意識到原因可能是行銷資源太分散。我的課程目標受眾是三十五到五十五歲的族群，這群人依然高比例在使用臉書，因此與其在其他平台花大筆經費投放廣告，將所有資源更加集中在臉書行銷才是上策。但行銷是人家的專業，我貿然給予指導，可能導致雙方不愉快，可是我如果不開口，這筆錢花下去又是一筆不小的支出，而且我已經可以想見效果應該不會比第二季好多少，這可是一筆冤枉錢。

我想了很久，還是想要向對方表達我的想法，但我知道不能直接說出來，這樣他們會覺得不受尊重。因此我搜尋筆記本，試圖找出一個能放大我的想法的故事。思來想去，我是這麼說的：

我想第二季的行銷結果不如預期，大家都有看到數據，隨著第三季的合作要開始，我有個想法要和大家交流一下。

我想先說一個故事，話說美國有一匹賽馬名叫「法老」，牠是一匹傳奇名馬，因為牠得到美國賽馬界三大賽事的冠軍，這可是非常難得的成績。從美國有賽馬紀錄以來，得到三大賽事冠軍的馬不超過五匹，更傳奇的是，法老本來是一匹要被主人放棄的馬，因為主人在法老年輕時為牠做過一系列檢測，透過數字來看，法老奪冠的機率並不高，所以主人打算放棄牠。但法老生命的轉折就出現在一位名叫傑克的人身上。

傑克是位投資理財專員，同時也非常熱中研究賽馬，他運用投資理財領域的「X因子」概念，誓言找到一匹最有機會得到冠軍的馬，然後投資這匹馬。

首先，傑克認為馬的鼻子愈大，會不會愈有機會得冠軍？因為鼻子愈大，換氣愈快，在賽馬的激烈奔跑中，應該有機會得到優勢。所以他透過電腦系統運算，找出鼻子最大的幾匹馬，然後投資牠們，可惜牠們的成績不如預期。

但是傑克沒有放棄，他換到下一個「X因子」是馬的糞便，因為糞便看起來愈健康，代表營養吸收得愈好，這匹馬的身體素質應該愈不錯。他又從系統中找出排便最健康的幾匹馬來投資牠們，可惜成績仍然不如預期。

有一天，傑克忽然想到：「我一直關注馬的身體外部，忽略了馬的體內系統，會不會X因子是馬的心臟，心臟愈大，在激烈賽跑時就愈能促進全身血液的含氧量交換？」於是他再次從系統運算中找出心臟最大顆的幾匹馬，其中就包含了法老，一樣投資牠們進行訓練。沒想到這次真的在比賽中跑出好成績，尤其法老的成績非常優異，最後得到歷史上非常難得的三冠王佳績。

法老能成為傳奇，或許還有身體上其他素質的加成，但我要說的是，傑克接下來幾年就鎖定心臟大小這個X因子，然後進行投資，果然成果豐碩，讓他成為賽馬界的傳奇人物。

故事說完了，我想表達的是，在我眼中，你們就是我的傑克，第一季時我覺得你們找到了專屬我線上課程的X因子，那就是在臉書進行行銷宣傳，因為我的課程受眾目前絕大多數都還是臉書使用者居多，反而其他網路平台的受眾年齡可能太年輕，並不是我的目標受眾。我很肯定第二季大家願意嘗試多元行銷管道的想法，但如果已經找到一個成功的X因子，我的想法是，應該持續堅持這個成功的X因子，我們將資源都投注在這個X因子上，行銷的效果反而會是最好的。

我將想法搭配故事傳遞出去，因為有故事當做媒介，所以並沒有讓行銷團隊感到專業不受尊重，這是一個非常成功的溝通會議。接下來我們持續合作了好幾季，持續善用第一季就成效很好的臉書宣傳這個X因子，在課程招生上得到不錯的佳績。我的行銷預算也有效地控管在合理範圍內，並未大幅度增加。現在回想起來，還好我身邊有許多故事，可以讓我在需要進行溝通時適時幫我一把。

隨手記錄，就能信手拈來

關於賽馬「法老」的故事，其實是我偶然在報章雜誌上看到的，因為覺得故事中提到的X因子特別實用，當時就將故事記了下來，沒想到在溝通會議上發揮了極佳的效果。可見平時不僅僅是書籍，在閱讀報紙、雜誌時看到精彩的故事，也都要養成隨手記錄的習慣，如此在關鍵時候就能有效協助我們放大想要傳遞的想法。

你只要透過表7，將看到的精彩故事重點順手填入，馬上就成為自己的故事資料庫，再也不容易忘記。

表7

故事摘要	
故事重點	

表7的格式很簡單，你可以找一本方便隨身攜帶的筆記本，每一頁分成兩部分，上半部是故事摘要，將故事細節節錄於此，避免自己時間久了忘記；下半部是故事重點，例如要透過這個故事傳遞什麼樣的想法。如此一來，翻閱尋找適合的故事時，都能快速找到自己需要的故事。

第12章

撼動人心的魔力，從書中挖掘超有感金句

書裡除了能找到動人、具啟發性的故事，也有一些發人深省的金句，而且現在的書籍都很貼心，特別的金句或發人深省的段落還會加粗標示，讓讀者在翻閱時能夠快速找到，方便停下來細細閱讀和品味。

當我們讀到書中的金句，如果內心產生共鳴，多半是因為和我們生活中的某段經歷有關，這時我們應該暫停，細細思考自己會對這句金句有共鳴，是因為人生中的哪一段經歷產生了共振嗎？這時把書放下，細細思量，你就能以金句為引，從自己的人生長河中釣出一個又一個精彩的故事。

一句話的威力，從「應該」變「喜歡」

我曾經在書中看過一句撼動我內心的話：「你應該……就是地獄」，當我看到這句話時，我掩卷沉思良久。記得我和太太結婚第一年是三天一小吵，五天一大吵，吵架原因就出在我常對太太說：「你應該早點睡，這樣對身體比較好。」「你吃飯應該要專心吃，不要配電視，這樣消化不好。」「咳嗽了應該喝熱水，不要再喝冰的飲料。」我用了很多「你應該」，其實就是把我的期待強行加在太太身上。但她也有自己的生活習慣，每當她不依照我的期望行事時，我的期待就落空了，此時就會有負面情緒，吵架就這樣頻繁發生。因此，當我看到「你應該……就是地獄」時，立刻想起了和太太結婚第一年的許多吵架情景，後來透過婚姻諮商，才順利度過這場風暴。

教書十來個年頭，有些學生準備步入婚姻，在結婚前夕來找我聊天，希望我給予一些建議。我知道這時候說大道理，對於正沉浸在結婚幸福氛圍中的新人們是聽不進去的，此時我就會分享和太太結婚第一年的吵架風暴，放大「你應該……就是地獄」的觀念。故事講完，新人們都印象深刻，也記住了每個人都是獨立的個體，唯有尊重對方的生活習慣，彼此才能幸福長長久久。

後來，我看到有人針對「你應該……就是地獄」分享了一句話：「我應該……更是煉獄」，這句話讓我很有感觸。「我應該讀書」、「我應該運動」、「我應該工作」、「我應該考證照」……這些聽起來都很有上進心呀，為什麼就是把自己逼進煉獄呢？因為「我應該」不等於「我喜歡」，我們等於在逼自己做一件應該做但不喜歡做的事，這樣的自己會快樂嗎？做不喜歡的事可以持久嗎？我想答案都是否定的。

看著「我應該……更是煉獄」，又想起了自己的往事。我曾經告訴自己應該減肥，但就是找不到減肥的動力，所以失敗無數次，每次減肥都非常痛苦，甚至最後到了自暴自棄的地步，讓自己大吃特吃。結果，我的體重曾一度達到一百四十五公斤，醫生說這個體重已經危及性命，真的應驗了「我應該……更是煉獄」這句話。

而一切轉機出現在兒子六歲的時候。有一天他跟我說：「爸爸，我聽媽媽說，你再那麼胖很容易死掉，你死掉我會難過，我不希望你死掉，你可以陪我長大嗎？」兒子的話很有魔力，以前聽朋友說女兒的一句話就讓他戒菸，我還不信，現在因為兒子的一句話，我從應該減肥變成喜歡減肥。應該是被動的，喜歡是主動的，我開始選擇吃健康食物，每天固定運動，以前無論如何都降不下來的體重，自從兒子說了這番話後，三個月內我瘦了二十二公斤，雖然離標準體重還有段距離，但也是近十年來最瘦的數字。能夠有效瘦身都是因為我從應該瘦身變成喜歡瘦身，我現在每天吃健康食物的動力，都是因為能夠陪兒子一起長大的畫面，尤其兒子迷上了打籃球，光想到以後能和他一起打球，我就覺得充滿期待，這就是我喜歡瘦身的原因。

許多新進講師常常受不了壓力，會問我如何調適。我很想跟他們說：「你要找到當講師的熱情，就能抵擋住壓力。」但我知道這句話對新進講師來說一定有聽沒有懂，最後可能還是受不了壓力而決定退出講師圈。因此，現在有講師來問我調適的方法，我就會講自己減重的故事，然後跟他說：「當你覺得『我應該』就會是煉獄，我們要找到『我喜歡……當講師』的原因。在沒有找到我喜歡的原因之前，你會把注意力放在每一次演講的壓力上，但找到喜歡演講的原因後，你就會把注意力放在喜歡的原因上，那看待每一次演講的心情就不一樣。」透過自己減重的故事，有效放大了「我喜歡……」的重要性。

一句話的引導，找到呼應的好故事

此外，在意想不到之處也能發現金句喔。有一次我陪家人去醫院看病，候診時隨手拿了一本結緣書，書中一位禪師說道：「我與眾不同的地方就是，感覺餓的時候就吃飯，感覺疲憊的時候就睡覺。」這句話讓我非常有感觸，有時候我們累了，但還是勉強自己繼續工作，最後變成過勞；我們難過了，但還是勉強自己笑，最後變成憂鬱；我們很飽了，但還是勉強自己繼續進食，最後體重超標。會造成這樣，都是因為我們無法靜下來和自己的感覺相處。

禪師的這句話，讓我想起大學一年級的事。那時從屏東鄉下來到台北大都市，看什麼都覺得新鮮想嘗試，結果常常到凌晨三、四點還沒睡，甚至徹夜未眠參加活動也時常發生。其實身體已經疲憊不堪、非常想休息了，但我沒有聽從身體的感覺，而是一味地透支體力，毫無止盡地狂歡。

有一天照鏡子時忽然發現，怎麼好像看得到頭皮了！沒想到我竟然在十八歲的年紀開始掉髮，現在回想起來，應該就是長期睡眠不足導致內分泌失調的結果。我就這樣頭髮愈掉愈多，大學一年級就變成禿頭，很多人問我為什麼要理光頭，其實源自於這段瘋狂又悲哀的過往。

從大學畢業多年，有機會接受母校的邀請，回去和國中、高中及大學的學弟妹分享自己的求學經驗，如果我說「健康很重要，做任何事要適可而止，不要太超過」，我想這樣的分享一定會讓他們感到不耐煩，因為師長、父母想必也時常如此耳提面命。因此，我改以大一就掉頭髮最終導致禿頭的悲慘故事，帶出「要注意自己身體的感覺，做任何事情要適可而止，一切要以健康為重」這樣的道理。因為故事的加持，放大了我要傳遞的道理，學弟妹的大腦自然而然接受了我想說的話。而這些故事如果不是看到書中金句當做導引，我可能早就忘了。所以，善用書中金句回想故事，絕對是非常實用的好方法。

最後，提供一個表格（參表8），幫助你運用金句找故事，並且進行有效的累積和記錄。

表8

金句	故事	故事重點

第13章

言簡意賅的效力，從生活周遭找比喻

說故事比起說道理，最大的差別就是：說故事讓聽者腦中產生畫面，有畫面就容易印象深刻。所以，我認為「比喻」其實就是簡化版的故事；恰當的比喻也會讓聽者大腦產生畫面，達到印象深刻的效果。

我曾在書上看過以「浴缸」比喻人的情緒。浴缸如果沒有出水口，水就會一直累積，到了臨界點便滿溢而出，弄得整個浴室地板都是水。情緒就像浴缸一樣，如果沒有一個出口，情緒會不斷累積，一觸臨界點就滿溢而出，這時候因為情緒很高漲，說話的口氣就會很衝，用字遣詞也會很難聽，可能造成更大的衝突。因此，浴缸需要一個出水口，情緒也需要一個出口，我們需要適時發洩自己的情緒，例如透過書寫、畫圖、對話等方法，讓情緒找到傾訴的出口，才不會某一天突然爆發。

有了浴缸這個比喻，抽象的情緒概念瞬間讓人腦中有了畫面，也更容易了解適時傾訴情緒的重要性。也因為透過比喻的方式或說簡易版的故事，有效放大了情緒的概念。

鮮明的比喻，秒懂的道理

現在讓我們一起想想，可以用什麼樣的比喻來說明「積極面對挑戰，給自己適當的壓力，恰恰是舒壓的好方法」。

現在有許多人一遇到壓力，就會讓自己逃避到網路世界，不斷地滑手機，然後就這樣把時間流逝掉了。等到放下手機，才發現時間已經過了許久，卻什麼事都沒做，心裡又是一陣空虛，結果更想逃避需要做的事情。但如果我們喋喋不休地說著「我們就勇於面對挑戰吧，生活中就是要有適當的壓力，當我們積極面對壓力後，那種放鬆才是真正的放鬆，逃避壓力的放鬆其實不叫放鬆，那叫做無聊」，這種碎念很難讓對方聽進去，或者很容易聽了就忘，因為在腦中沒辦法像故事或比喻那般產生畫面，很難印象深刻。

我曾在某所學校的廁所看到一張貼在牆上的小卡，上面寫著：「橡皮筋什麼時候感到最放鬆？恰恰是我們將橡皮筋拉緊、然後彈射而出的那一刻，是橡皮筋最放鬆的時刻。生活如同橡皮筋，沒有拉緊就感受不到放鬆。」這比喻太讚了，我沒想到竟然會在廁所看到這麼精妙的比喻！橡皮筋不拉緊，就好像生活沒有挑戰，看似平淡，其實是無聊；將橡皮筋拉緊，恰恰是給自己的生活找到挑戰，而橡皮筋彈射而出的瞬間，就好像是完成挑戰的那一刻，那種放鬆感才是一種真正的放鬆。

有了橡皮筋這個如此精妙的比喻，每次我遇到因為害怕困難任務而不斷逃避的學生、同事、親友，就會拿起一條橡皮筋，然後運用這個鮮明的比喻，不用多說什麼大道理，對方馬上就能理解我想傳達的意思，再也不用成為碎碎念的人。

比喻就是簡易版的故事

生活中處處都可以看見精妙的比喻，就像我從來沒想過會在廁所看見橡皮筋的比喻，如果能夠隨手記錄下來，各種精妙的比喻就會成為未來故事應用的資源。

你可以利用表9，將生活周遭所見的各種比喻蒐集、記錄起來，因為比喻就是簡易版的故事，有時這樣的故事更能發揮言簡意賅的效果。只要短短幾句話、短短幾分鐘，就能把你想要傳遞的想法，讓對方快速明白。

表9

比喻	傳遞的想法

讓別人接受自己的想法從來都不是一件容易的事。有位行銷高手曾說過：「世界上最難的就兩件事，第一件事是把錢從對方口袋放到我的口袋；第二件事是把想法從我的腦袋傳到對方腦袋。」面對第二件事，運用借力使力的技巧就很重要。

《大腦喜歡這樣學》（*A Mind for Numbers*）這本書整理了各種關於大腦學習的研究，提出一個很重要的概念：人類的大腦對於陌生、不熟悉的觀念是很排斥的。舉個例子來說，由於ＡＩ非常熱門，於是我們會去圖書館借閱相關書籍。但因為對ＡＩ太陌生了，因此讀不到五頁就會感到眼皮沉重而直接睡著。一本三百多頁的書硬是讀了三個月都還讀不完，就是因為大腦對陌生概念覺得很難好好吸收的緣故。我們要如何引誘大腦接受陌生觀念呢？其中一個絕妙方法就是善用比喻，拿大腦熟悉的內容進行比喻，讓大腦更容易接受未知的內容。

當我們要人們接受一個陌生的概念或不熟悉的產品時，善用比喻絕對是最簡單又最有效的方法。

第五部

人生有故事，你因故事而放大

我們的人生充滿了無數今天以前發生的事，只是自己不知道哪些該記錄下來。找回這些精彩故事，你也可以善用故事的魔力，放大你想傳遞的道理。

我兒子的小名叫做樂樂，二〇二四年上小學一年級，遇到了與同學相處的人際關係難題，像是誰要和誰玩、誰不要和誰同一國。這是一段學習的過程，但是樂樂在這段過程中覺得很痛苦。

有一天晚上，他一臉落寞地跟我說：「爸爸，我覺得自己不適合當小學生，我很多事情都做不好，都沒有人想要當我的好朋友。」面對兒子如此傷心的告白，當爸爸的我心都要碎了，怎麼才小學一年級就有這樣的煩惱呢？

我一時心急，忍不住跟他說起了道理，我說：「你一定會找到好朋友的，不可能全班同學都討厭你啊，一定有人對你沒意見，你可以去找這些同學玩。我知道你喜歡和某些同學玩，但是對方不想跟你玩了，那我們不一定要跟他們黏在一起啊，你說對不對？」

我這番大道理說得頭頭是道，沒想到兒子竟然聽到哭出來，他邊哭邊說：「我就是不適合當小學生啦，我要回去讀幼稚園，我不喜歡讀小學。」他愈哭愈大聲、愈來愈難過，看來我這番道理只有我自己覺得有道理，兒子是半點也聽不進去。

最後還是由我太太出馬，用一個故事挽救了這個局面。

她抱著哭得唏哩花啦的兒子，先安撫了他的情緒，然後說：「你還記得爸爸以前晚上都要去演講，幾乎都不在家，晚上都是我們自己吃飯，對吧？」兒子點點頭。她繼續說：「但最近爸爸是不是晚上都在家陪我們一起吃晚餐？」兒子又點點頭，同時哭聲也慢慢停止了，太太又繼續說：「你有沒有印象爸爸是從什麼時候開始，晚上有空在家陪我們吃飯？」

兒子說：「好像是疫情爆發的時候，那時候大家都不能出門，爸爸也不能去演講上課，就可以回家陪我們了。」

太太說：「對啊！但是爸爸不能出去上課，就沒有錢可賺，我們家沒有錢，就沒辦法繳學費，沒有辦法買食物，那該怎麼辦？」兒子聚精會神聽著。

「所以爸爸嘗試錄影片，並且把影片上傳到網路，看看有沒有機會靠網路影片賺錢。」

兒子聽到這，點頭說：「有有有，那陣子爸爸每天都在錄影片，我們都要很安靜，不能出聲音。」

太太說：「對啊。那爸爸把影片上傳之後，你猜有沒有賺到錢？」

「應該有吧，爸爸那時候錄得很辛苦耶。」兒子回答。

太太笑了笑說：「完全沒賺到錢喔，而且不僅沒賺到錢，還有人在網路留下很多不好聽的話，像是：『這個老師眼睛好小，長好醜喔。』『這個老師滿臉都是痘疤，看了好噁心。』『這個老師牙齒的齒縫比眼睛還要大，要不要先去戴牙套呀，長得好好笑。』『他的頭是三角形的耶，好像棒球的壘包，怎麼長這樣，哈哈哈。』有很多嘲笑爸爸的留言，我們也不知道他們是誰。」

兒子聽了之後，跑來抱抱我說：「爸爸，這些人好壞，你不要理這些人。」

太太順勢說：「對啊，我們都沒有理他們喔，如果因為他們這些留言，爸爸就很難過一直哭，那是不是就被這些人打敗了？嘴巴長在他們臉上，手也長在他們身上，他們要說什麼、打什麼字，我們都無法控制呀。我們能控制的就是我們自己，所以爸爸繼續錄製影片，不管那些人的留言。後來你猜怎麼樣了？」兒子一臉專心地等著太太的回答。「後來啊，愈來愈多人看了影片，甚至有人付錢給爸爸，要他繼續錄影片喔，還有很多公司請爸爸到他們公司錄影片，專門給他們公司的員工看。現在爸爸就算晚上不用去演講，我們也有錢可以過生活，但是如果爸爸一開始看到留言就很難過，然後決定不錄影了，那是不是現在我們家什麼錢都沒了？」

兒子聽完後點點頭說：「別人怎麼想是他的事，我管不到，我只能管好我自己的事。」

太太說：「你自己可以控制的就是嘗試認識新朋友，說不定會找到願意和你一起玩的好朋友喔，誰知道呢！但這是我們可以控制的事，值得我們去試試看，對不對？」

兒子說：「對，我會試著認識新朋友。」

其實，我一開始和兒子說的道理也是一樣的意思，可是兒子一句話也聽不進去，反倒是太太用說故事的方式，重新包裝了我想傳遞的道理後，兒子不僅靜下來聆聽，還從故事中領悟到了道理，這就是故事放大的魔力。

說來汗顏，我自己是教導說故事的講師，但是關心則亂，面對難過的兒子，我一焦急反倒說起道理，還好太太的心理夠穩定，及時用故事救場，讓故事發揮了效果。

你或許會認為，那是因為我的人生很精彩，剛好有很多故事可以當素材，而你的人生平淡無奇，根本沒有那麼多故事，該怎麼辦？其實，每個人的人生都有故事，「故」指的是今天以前，「事」就是發生的事，而「故事」就是今天以前發生的事；我們的人生充滿了無數今天以前發生的事，只是自己不知道哪些該記錄下來，導致許多好故事平白從我們生活中溜走。現在我們一起把這些精彩故事找回來，讓你也可以善用故事的魔力，放大你想傳遞的道理。

第14章

找到轉折點，生活處處有故事

我本來高高興興地去上班，但是沒兩個月就憤而離職。從高高興興到憤而離職，這中間一定發生了什麼事，這件事就是轉折點，而圍繞著轉折點將事情交代清楚，就變成一個精彩的故事。

我們的生活中其實有許多這樣的轉折點，像是男女朋友本來三天一小吵、五天一大吵，後來發生一件事之後，就變得甜甜蜜蜜、很少吵架，這件事就是轉折點，我們可以把這件事說清楚講明白，就會是一個精彩的故事。

精彩故事就在轉折點處

國中時候的我身材很胖，滿臉青春痘，長相也不好看，對自己的外型很沒自信，那時常常黏著班上幾個長得帥氣又有人緣的男同學，希望透過和他們成為好朋友，連帶自己的人緣也能變好。但可能太常黏在一起了，他們開始對我不耐煩。

有一次打掃時間，由於我們掃地完畢後還有一些時間，於是男孩們玩起了分組戰鬥的遊戲。一般來說就只是打打鬧鬧，因為都是同班同學，應該誰也不會太過用力、點到即止就好。可是一位帥氣的男同學用腳踢向我的手腕，那力道是完全沒在客氣，而這一踢就把我的手腕踢骨折了，打上石膏好幾個月後才復原。

不過我很感謝這位帥氣的同學，因為他這一踢，讓我意識到友情是強求不得的，太黏著對方反而容易讓人心生厭煩，而他這一踢顯然沒有留情面，沒把我當朋友看待。

從那天起，我就知道還是要找聊得來、興趣相投的朋友，強摘的果實不甜，硬要黏在一起的朋友，只會讓人覺得煩。有了這層認知之後，我接下來認識的新朋友，再也沒把我的手踢骨折過了！

手骨折就是個轉折點。在此之前，我只知道要黏著我想認識的朋友，完全不管對方的想法；骨折之後，我明白交友還是要找志同道合的才是重點。透過轉折點的記錄，我找回了一個國中時期的精彩故事，而你也可以回想一下，試著從小到大的人生不同階段，分別找出一個令你刻骨銘心的轉折點，通常精彩故事就在轉折點處。

除了透過轉折點找到故事，我們還可以細細思考每個故事放大的想法為何，可能是親子溝通、夫妻溝通、職場溝通或產品銷售，當我們有需要時，適時地運用自己的故事，就能創造畫龍點睛之效。

以轉折點為中心，透過列出人生時間表的方式（參表10），我們可以找出自己一個又一個精彩的故事。

表10

	轉折點	故事名稱	故事放大	適合場合
國小階段				
國中階段				
高中階段				
大學階段				
社會新鮮人階段				
結婚階段				
生孩子階段				

我將表10搭配我自己的人生轉折點，整理如表10A。

表10A

	轉折點	故事名稱	故事放大
國小階段	小三轉學	一百分的社會科	讚美的力量
國中階段	手被踢骨折	打掃時間	交友的真諦
高中階段	書包不見	高三的意外	堅持的力量
大學階段	女生的拒絕	第一次聯誼	找到優勢
社會新鮮人階段	襯衫鈕扣	第一次讀書會	練習的重要
結婚階段	離婚證書	錄音婚姻	溝通的重要
生孩子階段	打翻飲料	一本書的肚量	情緒管理

不過我們的人生當然不是只到生孩子階段，可以有中年階段、轉職階段、

退休階段、旅遊階段，可以因應個人調整。而每個階段也不只一個轉折點，只要靜心回想每個階段的關鍵時刻，就會發現轉折點可能有無數個。表10 A僅羅列出我的七個階段，每個階段僅以一個轉折點作為代表，同時整理出七個人生故事，當我遇到任何關鍵的溝通時刻，都可以用來放大我想傳遞的想法。

有系統地整理出屬於自己的生命故事

我時常會對父母們進行演講，從教育心理學的角度來看，可以發現當我們鼓勵孩子、肯定孩子，孩子就會更加表現出我們所鼓勵和肯定的行為。但許多父母依然奉行「不打不成器，不罵不成材」的教養理念，如果我在講座上硬是要台下的父母聽我所說的，他們難免會產生抗拒，心想：「憑什麼呀？我爸媽以前也是用打和罵的批評教育讓我成長茁壯，誰說這套方法不行？真是亂講一通！」這時若用我的道理去碰撞對方的道理，就會演變成辯論的層次，最後我所想傳遞的想法，對方可能一個字都沒聽進去。

當陷入溝通僵局時，就很需要一個適合的故事幫忙放大想法，讓對方更好地接受。而我國小階段發生的事，正好就是一個非常適合在此時分享的故事：

國小一、二年級時，我的成績非常差，常常是全班最後一名或倒數第二名。但我媽不相信自己的兒子會那麼差，所以有一天她去學校找導師，問老師對於我這種情況可以怎麼辦。

沒想到老師說：「你兒子就是那麼差，沒辦法了。」但我媽依然不相信。老師說：「你不相信？不然週末我帶你去一個很靈的算命仙那邊幫你兒子算算命，看看他怎麼說。」我媽答應了，在那個年代的屏東鄉下地方，這樣做在父母師長眼中可能很合情合理。

週末來到算命攤，算命仙看著我的手相良久，然後跟我媽說了一句：「你兒子天生不是讀書的料，在讀書這行沒前途啦，以後國中畢業就早點去做工吧！」

面對算命仙氣定神閒、班級導師得意揚揚的表情，我媽發揮了全天下母親當時都會做的事——她不想讓自己的兒子在小學二年級的年紀就放棄學業，於是她讓我轉學了。

我從一個一班將近五十人的大型學校，轉到一班只有十五人的小型學校。我在國小三年級開學第一天來到新的班級，第一堂課是社會課，因為我一個同學都不認識，所以上課就不能和誰偷聊天，只能專心聽課，這大概是我上小學以來最專心聽課的一次。

離下課剩下五分鐘時，社會科老師問了一個問題：「各位同學，剛剛上課有沒有專心聽講呀？我來考考剛才上課講的內容。有誰可以告訴我，台北和高雄這兩個台灣的直轄市有哪裡不一樣？」（在我那個年代，台灣的直轄市只有台北市和高雄市。）

全班沒有人舉手，一片安靜。因為我剛轉學到新班級，沒人可以聊天，所以很專心聽課，老師問的問題正好我有答案，便舉手了。我說：「高雄有國際級的港口，台北沒有。」

老師的表情非常驚訝，彷彿第一次有人在課堂上回答他的提問。他緊接著問：「我沒看過你，你是新轉來的同學嗎？」

我回答：「對，我叫曾培祐！」

老師說：「好，大家要跟培祐多學習，上課那麼認真，那麼快就可以回答老師的問題，我們全班一起給培祐掌聲鼓勵。」

說真的，這是我讀國小三年以來第一次得到老師的鼓勵。在以前的學校，因為成績差，常常被老師視為頭痛人物，只要不惹麻煩就好，基本上不太重視我的存在，沒想到在新的學校，開學第一天，我就在老師的鼓勵下得到全班的掌聲。

接下來，你知道發生了什麼事嗎？我從小三到小六在社會這一科，不管是小考或大考，成績都非常好，不是一百分就是九十八分，而我大學考上了師大歷史系。這一切的成果，都是因為國小三年級的社會科老師在課堂上給我的肯定和鼓勵，讓我開始對學習產生自信。可以說，教育心理學的研究真的在我身上得到印證——孩子會往父母和師長鼓勵和肯定的方向成長。

每次說完這個故事，我從各位父母的眼神就看得出來，他們接受了「肯定和鼓勵孩子」是個很有力量的觀念，並且他們也願意在生活中試試看。因為我個人發生過的故事，幫助我、放大我想傳遞的訊息，順利傳送給我想傳遞的人，這就是故事的魔力。

其實，我兒子樂樂慢慢長大的過程中，我的父母、岳父岳母本來也是奉行「不打不成材，不罵不成器」的教養觀念，而我也是透過這個故事，讓他們願意接受多鼓勵和肯定樂樂的表現，取代不斷批評和責備他哪裡做得不好、哪裡可以做得更好。

在與長輩溝通的過程中，因為有故事放大的加持，我們沒有劍拔弩張，長輩們反而自然而然就可以接受我們的教養觀念。每當朋友們羨慕我能與長輩溝通如此順利時，我都請他好好利用表10，整理出屬於自己的生命故事，因為一定會有幾個故事能讓長輩產生共鳴，而有了故事放大的效果，溝通起來就容易多了。

所以，我們不是為了說故事而說故事，而是為了能在適當時機更好地傳遞自己的想法，善用表10，便能有系統地找回和整理我們的人生故事。

不要小看故事的影響力

時間來到高中。這三年我都為數學感到很掙扎，那時的考大學制度是先考學測，如果分數不滿意，可以在七月份再考大學指考。學測會考國文、英文、數學、社會、自然，每一科以級分計算，滿分是十五級分。想當然耳，我的社會科毫不意外地得到了很高的分數，但數學只得到五級分，這是非常低的分數，幾乎任何大學科系都無法申請上。所以學測成績公布後，我痛定思痛，決定努力拚七月的指考。

那一天放學，我將高中三年所有的課本和講義放進一個大背袋裡，因為我要認真讀書了。就在我走出校門時，我的好友騎著腳踏車過來說：「走啦，要不要去打撞球？」

我說：「今天學測放榜，我的成績太差了，從今天開始，我要認真讀書拚暑假的指考。」

好友點頭表示理解，接著說：「那今天我們去玩最後一次撞球，玩得盡興一點，從明天開始我就不吵你了，直到你指考結束，你看如何？」

我想了一想，禁不住誘惑就答應他了。於是原本應該回家的我，提著一個超大背袋前往撞球間。

到了撞球間，我覺得拿著一個超大背袋進去太像書呆子，心想反正裡面都是書，應該沒人會拿，便把大背袋往朋友的腳踏車旁一放，就進去打撞球。玩到大家都盡興了，夜也深了，我們準備要回家，沒想到我的大背袋不見了，那裡面可是我高中三年所有的書籍和參考書啊！我立刻回頭請櫃檯調閱監視器，但櫃檯人員直接搪塞了個理由拒絕我。

我高中三年的書全沒了，我要拿什麼拚指考呢？很多朋友跟我說：「書不見就算了，可能也是老天爺在勸你放棄吧。反正你的數學本來就很爛，再努力拚也不會進步到哪裡去，到時候還是考不到好成績，任何想讀的大學科系都填不了，還不如早點放棄，高中畢業就去當兵，然後早點就業。」

這是當時許多屏東的高中生會選擇的一條路，但我想了許久，都努力了三年，雖然考上大學的希望渺茫，但我不想連試都沒試就放棄，這不符合我的個性，我以後一定會後悔，會用一輩子去想：「如果我當初好好拚一次大學，人生會不會不一樣？」我不想永遠活在遺憾中。

於是我拿出從小到大存下來的所有過年紅包，把高中三年的所有課本和參考書全買回來。乍看之下這是個豪賭，沒想到卻收到奇效，原來我的數學之所以這麼爛，就是因為只要我寫過的數學題，複習時就只用看的，看過就當自己也會了，很少再拿出紙筆計算一次。我買了新的數學課本和講義後，因為所有內容都是全新的，所以每一題我都得重新算過，根本沒有只是用眼睛看過去的機會，而這個動作讓我的數學能力大幅進步，這是始料未及的，甚至可以說是因禍得福。

最後，指考成績放榜時，我的數學成績竟然在全國均標以上，也考上理想的國立大學。

我想會有這樣的結果，都是因為堅持不放棄的精神幫了我一把。我始終相信，連試都沒試就放棄，是人生中最遺憾的事。因此只要有機會，我就會堅持不放棄地繼續嘗試，而這樣的精神確實創造了奇蹟。

這個故事的轉折點在哪裡呢？就在大背包不見這件事。整個故事圍繞在大背包不見之前的鋪陳以及不見之後的發展，整理故事就是將轉折點前後的細節交代清楚，最後在故事的結尾說明故事帶給自己的成長、收穫和啟發。轉折點、圍繞轉折點的細節、成長、收穫和啟發，是蒐集生命故事的三大要素，具備此三要素，故事就具備了放大效果，可以幫助我們傳遞想法。

那麼這個故事會對誰說呢？每年年底時，許多業務團隊離績效目標都還差一步就可以達標，但大家經過一整年的努力都累了，實在沒心力跨出去達標。這時候如果主管只是不斷激勵大家，聽多了也會感到麻木。因此，面對聽道理聽到厭煩的夥伴，就是要用故事來放大道理，降低他們內心的抗拒感。

某年年末，我對業務團隊分享了這個故事，希望他們再多堅持一下，離目標就差一步了。然後我說完故事，拿出預先訂好、與團隊人數相同數量的知名品牌背包，這個背包做工非常細緻，顏色也很符合企業形象，我將背包放在辦公室前方，只要團隊業績達標，就是一人一個背包。其實，因為背包買了也不能退，我那時想了很久，萬一沒達標怎麼辦？後來我想到了，我說：「萬一沒達標，背包依然是一人一個，但裡面有三張高中數學考卷，要答對才能帶走背包。」背包、數學考卷就是故事的代表物，每天大家進辦公室就會看見背包，就會想起故事，連帶記起故事放大的道理：再堅持一下，我就可以達成目標；我今天要做哪些有助於達成目標的事？

後來，團隊果然如願達成業績目標。大家都說，每天進辦公室看到整排背包，不提醒自己繼續堅持都很難。你或許會想，這是背包的提醒很重要，和故事沒關係。但如果沒有故事的放大作用，大家看到背包也不會聯想到堅持的重要。所以背包和數學考卷會產生效果，最終還是因為故事帶來的影響力。

我們的生命有許多故事，只要善用表10，一定可以找出許多和堅持有關的案例。所以，只要敏感地意識到轉折點的出現，並且清楚記錄轉折點前後的細節，以及整理這段故事帶給自己的收穫和啟發，就會是一個值得分享的生命故事，它可以產生故事放大的效果。

第15章

每個故事，都是你的放大鏡

前面介紹了許多故事放大的案例與方法，一旦你善加運用時，在今天這個網路時代，無論是個人品牌、你想傳遞的理念和想法，以及你所研發和正在銷售的產品，故事都會是我們的最佳幫手。

溫暖故事加持，演講邀約蜂擁而至

以我自己為例，我剛出道當講師時，既沒人脈又沒資源，度過一段沒人邀約演講的日子。但我透過在網路上寫自己的故事，很快地就受到注意，邀約演講的次數也開始多了起來。演講時我也會講故事，在場聽眾聽得津津有味，然後我獲得再次邀約和轉介紹的機會接踵而來，講師之路愈走愈順遂，一路走到今天，已經是第十二個年頭。

話說我剛開始在網路寫的故事，就是我在表10A中所填的大學聯誼故事：

因為高中就讀男校的關係，就算想談戀愛也沒機會。大學考上師大歷史系，全班六十人，女生占了五十四位，就算在班上走路跌倒，也會先撞到女生再撞到地板，女生密度就是那麼高。

我興奮地想著，這下機會來了，我可以交到女朋友了。沒想到學長說：「談戀愛千萬不要找班對。有沒有想過萬一分手了，以後每天還要見面上課，那有多尷尬啊，建議多聯誼，找外系的談戀愛比較好。」

學長的話我們聽進去了，馬上安排聯誼。大學開學第三週，我們就安排了大學生活的第一次聯誼，男生十位，女生十位，男生負責提供摩托車，女生來抽鑰匙，抽到哪一位男生的摩托車鑰匙，就給那個男生載。

我那時還沒錢買摩托車，車子是向學長借的，學長的鑰匙上掛了一個哆啦A夢的鑰匙圈，非常好辨認。那天天氣晴朗，一位地理系的女孩滿臉笑容，踏著輕快腳步來抽鑰匙，她抽起一把鑰匙問：「這把鑰匙是誰的呢？」我一看鑰匙上面有哆啦A夢，那一定是我學長的鑰匙，所以我立刻舉起手來。沒想到尷尬的一刻發生了，地理系女生看到是我舉手，原本爽朗的笑容立刻僵住，變成尷尬的表情。那個表情很我明白，就是對我沒意思，不想跟我出去玩。但是她怕我難過，還是勉為其難地把鑰匙還給我，然後笑笑地跟我點點頭。

不過，我很善解人意，我心想，如果對方沒興趣，那就不要互相勉強了。於是在大家都出發之後，我對這位地理系女生說：「反正今天是去陽明山，路很好走，我現在肚子有點痛，我回寢室上個廁所，大概十分鐘的時間，我們十分鐘後這邊集合，如果你有事情要忙，沒有出現也沒關係喔。」這樣的暗示已經很明顯了吧，如果對我沒意思，我們就不要浪費一整天的時間和金錢了。

接著，我在寢室裡焦急地來回踱步，雖然我說得瀟灑，她沒出現也沒關係，但這畢竟是我人生第一次聯誼，以被放鴿子收場，實在令人很難過，所以心裡還是很希望對方可以出現。

十分鐘很快就到了，我快步走到約定見面的地方。我站在那兒等了十分鐘，然後又等了十分鐘。沒錯，這位地理系女生再也沒出現過。接下來大學四年，她可能遠遠地看到我走過去就趕緊繞道而行，導致我們從來沒有碰過面。

我懷著低落的心情回到寢室，尤其到了晚上，去聯誼的室友都回來了，他們還問我：「今天怎麼後來沒有出現，發生什麼事了？」我不好意思跟室友們說真實原因是我被放鴿子，只好推託說：「學長的摩托車壞掉啦，所以我牽去修理，後來就沒去了。」整間寢室都沉浸在聯誼的歡樂中，只有我陷入無盡的失落，那時滿腦子想的都是自己的缺點：滿臉痘疤、身材肥胖、長相不好看、身材太胖……等等，我大學四年大概就會像今天的縮影一樣，聯誼的結果應該都是不盡如人意。看來我不只高中沒有戀愛運，到了大學也同樣沒有。

就在我最低潮的時刻，忽然想起高中時曾經看過的一本書，裡頭有一句話讓我印象很深刻：「每個人都有優勢和劣勢，被命運擺布的人，都是太在意劣勢、抱怨自己為什麼有這些劣勢的人。而創造命運的人，是專注在自己的優勢，並且能找到舞台，放大優勢。」對呀，我幹嘛一直抱怨自己的劣勢，就算大學四年都在抱怨劣勢也於事無補，我才不要成為被命運擺布的人，我要成為創造命運的人。於是我開始想：「我的優勢是什麼呢？」

說也奇怪，當我開始思考自己的優勢之後，原先低迷的情緒就漸漸消失了。我想到高中老師上課時常跟我說過：「培祐，你那麼喜歡說話，以後上大學一定要去修表達技巧、演講技巧和簡報技巧這類的通識課程，你要說就上講台說，這樣還可以賺錢，你在台下一直說話，只是被我罵而已！」該不會我的優勢其實是我這張嘴？這可是得到過高中老師的認證啊。好，我應該專注在我的優勢，並且找到舞台，放大我的優勢。

於是，大學四年期間，我真的將通識中心所有與表達技巧有關的課程全部修習完畢，不只如此，我還打工存錢，自己去參加校外超級貴的演講訓練課程，常常整堂課的學員都是上班族，只有我是大學生，我就是非常努力在培養我的優勢——表達能力。

然後，神奇的事真的發生了。大學二、三年級時，開始有些社團找我去幫幹部培訓上課，他們覺得我講話幽默，帶的活動也能引導幹部思考，所以邀約數還算不少，常常一週有四個晚上都要去幫社團幹部進行培訓。當時我是學生身分，幫校內社團培訓是沒有錢領的，但我依然樂在其中，因為站上講台，發揮我的優勢，就會讓我感到很快樂。

有一天，當我幫某社團的學弟妹們上完課後，我竟然收到一封手寫信。我打開看，看了一次又一次，我不敢置信，那竟然是一封情書！曾經參加聯誼被女生露出嫌棄表情的我，現在竟然收到女生主動給我的情書，這真是人生好大一個轉彎！長相不是我的優勢，機車後座不是我的舞台；表達力才是我的優勢，而講台是我的舞台。

有一天，我將這段大學經歷放上網路，或許因為情節和戀愛有關，轉折點也夠離奇，因此引起了不小的迴響和討論。由於這則故事，一夕之間許多人認識了我，加上我是從大學就努力鑽研表達技巧、演講技巧，還自費報名了許多相關課程，一些公家機關、學校單位認為邀請我來上課，效果應該不錯。自從這則故事放到網路上，我的邀約開始陸陸續續增加，從一週不到兩場變成一週五場，甚至故事曝光三個月後，我一週可以有十場的邀約。由此可見，故事的力量實在驚人。

想想看，假設我在網路的自我介紹就只是單純幾句：「我是曾培祐，擅長上台表達技巧，從大學開始修習多門表達力相關課程，並考取多張相關證照，對於表達有獨到見解和獨門技巧。」沒有溫暖的故事進行包裝，立刻就會被淹沒在網路的大量資訊洪流中，根本無法發揮放大個人品牌的效果。

事前擬眞練習，正式上台不蹩腳

故事放大的威力還不止於此。當我開始四處演講，當然希望每次演講結束都有再次受邀的機會，而要達成這個目標，讓聽眾對演講內容印象深刻絕對是關鍵要素之一，此時又是善用故事將我想傳遞的重點放大到學員大腦中的好機會。

一開始我的演講主題都以「表達力」為主，你一定會想，表達力就是一種技巧，主要讓學員們練習，然後講師給回饋，哪有故事可以出場的餘地呢？其實只要我們鎖定某個重點，再從表10中選取適當的故事，一定都可以善用故事放大的力量。

我時常提醒學員，愈是重要的場合，愈要事前多多練習，而且這個練習愈是模擬真實上台的情境愈好。例如正式上台時是站著講，練習時就要站著；正式上台時有拿麥克風，練習時可以拿個寶特瓶代替；正式上台時台下有人會看著你，練習時就對著鏡子演練，至少鏡子裡的你會看著自己。這叫做「擬真練習」，好處是讓大腦熟悉正式上台時的感覺，到正式上台時就不會那麼緊張，有助於減少冗詞贅字、忘詞、手腳僵硬和面無表情的情況。

不過傳遞知識時，依然會遇到一個老問題，那就是知識、道理是冰冷的，很容易讓學員聽過就忘，不管你的想法多麼有道理，只要聽眾沒印象，那就算是白講了，此時就是運用故事將知識放大的好時機。每次說到「擬真練習」，我都提及表10A中社會新鮮人階段襯衫鈕扣的故事，故事是這樣的：

我大學時期就很喜歡上台分享，時常在晚上舉行分享會，像是分享一本書的讀後感。同學和學弟妹們會各自帶著食物邊吃邊聽我說，場面熱鬧又溫馨。當然大學生的場合是不收費的，當做是經驗的累積。

大學畢業後，我心想若開設收費的讀書會，會不會也是一種賺錢謀生的方法？畢竟大學時期開了那麼多場，也很有經驗，舉辦讀書會對我來說不是難事。於是我舉辦了人生第一場收費讀書會，透過同學們口耳相傳以及網路平台的宣傳，有將近二十位學員報名參加，一切都好像大學時期的讀書會一般，不同的是這次有收費，而且參加者都是上班族。

讀書會於晚上七點正式開始。在這之前，學員陸續報到，各自吃著帶來的晚餐，有些人互相聊天，有些人回手機訊息，有些人在用筆電聚精會神地處理公事，氣氛也算是和樂融融。但是七點一到，讀書會開始，就和大學時期的讀書會完全不一樣了。那時就算活動開始，大家依然互相交流，但這次的收費讀書會卻和大學完全不同，所有人安靜下來，不約而同拿出紙筆，雙眼非常專注地看著我，彷彿在說：「好好說，最好不要浪費我今晚的時間，還有我的報名費。」我被這股氣勢給嚇到了，因為我仗著之前在大學舉辦讀書會的經驗，事前並未進行練習，所以當我發現眼前的情況和我預想的完全不一樣時，我整個人慌了手腳。

那天我穿著白色襯衫，右手拿著麥克風，我一緊張，左手就一直轉著靠近肚臍的襯衫鈕扣，我一直旋轉、一直旋轉，所有人都看到這一幕，但我自己並未意識到，因為我已經緊張到腦袋一片空白，無法控制手腳和表情，甚至是我的嘴巴，那簡直是一場災難。後來，大概在七點十分，我的襯衫鈕扣已經被我扭下來，這下襯衫破了一個洞，整個形象很糟，腦袋更是混亂到不行。我只能說，那一天是如何結束，我一點印象也沒有，只記得當大家魚貫走出教室時，沒有人跟我說再見，因為後來我真的沒再見過這二十位學員。這就是我人生第一次舉辦收費讀書會的慘痛經驗。

當然，我不是個會輕易放棄的人。休息幾週後，我嘗試了人生第二次讀書會。這次我扎實地運用了「擬真練習」，既然我緊張時會一直旋轉襯衫鈕扣，因此練習時就讓左手一直拿著簡報筆，這樣左手就沒機會去碰鈕扣。以上班族為主的讀書會不像大學生會打打鬧鬧、你一言我一句，一開始是非常安靜專注的，所以練習時就請來充當學員的朋友刻意冷淡，保持眼神專注，但回應不會過於熱烈。

經過多次的「擬真練習」後，第二次讀書會開始了。學員依然以上班族為主，依然拿著紙筆，依然雙眼專注地看著我，但這次我已經不那麼緊張了，因為這樣的場景我已透過事前模擬演練而感到很熟悉，所以我能正常發揮。讀書會結束時，許多學員跟我說再見，也的確在後來的課程及活動中還能時常見到他們的身影。這就是「擬真練習」的好處。

讓每個故事都成爲自己的放大鏡

我藉著表10A中大學階段的故事，讓我的個人品牌、善於表達力技巧的形象在網路上被放大，然後得到許多演講、上課的機會。接著我透過社會新鮮人階段的故事，讓我在演講、上課時，將冰冷、沒有溫度且容易聽過就忘的知識點，用溫暖、有畫面的故事包裝起來，藉此在學員腦中放大。

因此，好好善用表10，細細思考人生每個階段讓自己印象深刻的轉折點，把自己的人生精彩故事找回來並記錄下來，故事就會成為你的放大鏡。我是講師，透過故事放大了我的個人品牌，以及上課內容重點，事實上，每個不同的角色也都能透過故事，放大各自需求的要素，例如業務員可以透過故事，放大自己值得信賴的特質，放大產品的特色；父母可以透過故事，放大想要傳遞給孩子的想法和教養觀念；主管可以透過故事，放大自己的堅持和團隊的目標。

善用表10，每個故事都是你的放大鏡。

後記

聽道理易忘，聽故事久久難忘

恭喜你讀完了這本書！本書提供了幫你找回精彩故事的方法，是的，我用的詞彙是「找回」，因為這些故事早就存在我們生活周遭，可能圍繞在我們自己、家人、同學、師長、客戶、同事、主管的身邊，可別讓這些故事溜走，而要把它們找回來、記錄下來，然後在適當時機說出來，就可以達到放大我們個人形象、品牌價值、產品特色、想法觀念的功用。

《跟好萊塢動畫編劇學故事變現》（*The Best Story Wins*）提到一個故事的重要觀念：「人們會從別人的行動，來判斷自己是否需要做出行動。當虛構或非虛構的人物經歷令人信服的轉變，觀眾也會跟著改變。這個過程叫做神經耦合（neural coupling）。」換句話說，聽故事的人會受到故事中角色及其蛻變歷程所影響。這呼應了故事放大的核心宗旨：「產品本身沒有故事，和產品有關的人，才有故事」，故事的重心要聚焦在與產品有關的人身上，如此一來，聽故事的人才會對故事主角產生共鳴，進而提高行動的意願。我在書中提供了多個記錄故事的表格，透過這些表格，記錄你所蒐集到的眾多故事，這樣你在說故事時，就能說得非常生動，不會說得結結巴巴，這也是善用此書的一大優勢。

此外，本書寫了非常多故事，但這些故事都不是小說、電影那種精彩絕倫的大故事，而是發生在日常生活中的平凡故事，像是住家離捷運站很近的男屋主、難得連假要出遊卻出車禍的諮商心理師、幫助女屋主找回自己的居家整理師、搞不清楚小學一年級上學期是否要第一次段考的小潔爸、全身抽筋的美國最強軍人，還有一系列我自己的故事，包括因為想陪兒子長大而減肥、把襯衫鈕扣扭下來的第一場收費讀書會，以及國小三年級被社會老師誇獎……等等，當你看著這些關鍵字，是不是馬上又回想起其中的故事情節？這就是故事的奇妙之處。

聽道理很容易忘記，聽故事卻能讓我們的大腦記憶很久，然而矛盾的是，在這個商業社會中，總是有太多人忙著說道理，卻少有人知道要說故事。所以當你掌握了說故事的技巧，也就掌握了吸引眾人目光、讓人印象深刻的能力，這就是故事放大的魔法。

國家圖書館出版品預行編目（CIP）資料

故事放大 : 用故事打動人 , 讓品牌更迷人 , 吸睛講師帶你破解「故事金庫」的底層邏輯 / 曾培祐著 . -- 初版 . -- 臺北市 : 遠流出版事業股份有限公司 , 2025.04

面； 公分

ISBN 978-626-418-145-7(平裝)

1.CST: 職場成功法 2.CST: 說故事 3.CST: 品牌行銷

494.35 114002740

故事放大

用故事打動人，讓品牌更迷人，吸睛講師帶你破解「故事金庫」的底層邏輯

作　　者 —— 曾培祐

主　　編 —— 陳懿文
封面設計 ——謝佳穎
內頁設計編排 —— 陳春惠
行銷企劃 —— 鍾曼靈
出版一部總編輯暨總監 —— 王明雪

發 行 人 —— 王榮文
出版發行 —— 遠流出版事業股份有限公司
地址 —— 104005 台北市中山北路一段 11 號 13 樓
電話 ——（02）2571-0297　傳真 ——（02）2571-0197　郵撥 —— 0189456-1
著作權顧問 —— 蕭雄淋律師

2025 年 4 月 1 日　初版一刷
定價 —— 新台幣 360 元（缺頁或破損的書，請寄回更換）

ISBN 978-626-418-145-7

遠流博識網 http://www.ylib.com
E-mail:ylib@ylib.com
遠流粉絲團 https://www.facebook.com/ylibfans